LA MÉMOIRE ENCHAÎNÉE

1004942277

Esclave et citoyen, Gallimard, 1998
(avec Philippe Haudrère)

Abolir l'esclavage : une utopie coloniale. Les ambiguïtés d'une politique humanitaire, Albin Michel, 2001

La République coloniale. Essai sur une utopie, Albin Michel, 2003
(avec Nicolas Bancel et Pascal Blanchard) ; Hachette Pluriel, 2006

Amarres. Créolisations india-océanes, L'Harmattan, 2005
(avec Carpanin Marimoutou)

Nègre je suis, nègre je resterai, entretiens avec Aimé Césaire,
Albin Michel, 2005

Françoise Vergès

LA MÉMOIRE ENCHAÎNÉE

Questions sur l'esclavage

Albin Michel

Introduction

Ne plus être « esclave de l'esclavage »

> Je ne suis pas esclave de l'esclavage qui déshumanisa mes pères.
>
> Frantz Fanon, *Peau noire, Masques blancs*[1].

Depuis 2004, la traite négrière, l'esclavage et les différentes étapes de leur abolition sont devenus des sujets de société. « Enfin ! », avons-nous été plusieurs à nous exclamer. On en parlait. Ce fut le point de départ d'un formidable espoir : les chercheurs, les associations, les populations d'outre-mer issues de l'esclavage allaient pouvoir, d'une part, sortir du ghetto où les avait enfermés l'indifférence de l'Université, de l'opinion publique et des institutions et, d'autre part, échapper à la localisation, à la « communautarisation » de cette histoire – « c'est l'histoire d'une communauté ! cela ne concerne pas la nation ». Mais, assez rapidement, le débat est devenu confus. Les déclarations démagogues, provocatrices et outrancières, les réponses confuses qui leur furent données, la personnalisation du débat ont terni l'enthousiasme d'un premier

---

1. Frantz FANON, *Peau noire, Masques blancs*, Paris, Seuil, 1952, p. 186.

mouvement. Bien entendu, les médias réagissent à chaud, ils ont besoin « d'information », et le « froid » d'une discussion contradictoire est moins attrayant que le conflit. Mais il serait injuste d'imputer la confusion aux seuls médias : ils ont donné la parole aux associatifs, aux chercheurs, aux élus. Ils n'avaient encore jamais accordé une telle place à ces thèmes. Dossiers de magazines ou de quotidiens sur « La vérité sur l'esclavage », « Les pages d'histoire occultées », émissions de télévision, de radio, etc. : les médias ont mesuré l'enjeu. Même sans trop savoir quel nom lui donner, ils se sont rendu compte que quelque chose de nouveau était en train d'émerger. Ce fut le malaise noir, le blues des Antillais, l'impensé colonial, l'obsession de la repentance : chaque qualification a fait apparaître le désir ou l'inquiétude de celui qui la proposait. Les mois passant, l'horizon ne s'est pas éclairci.

En deux ans, des éléments hétérogènes se sont peu à peu ajoutés et entremêlés : le débat autour de la commémoration de l'esclavage, les controverses sur les déclarations de Dieudonné, la loi du 23 février 2005, les émeutes sociales de novembre 2005, les déclarations d'Alain Finkielkraut, l'interruption des ventes d'archives relatives à la traite et l'esclavage, l'annulation des festivités autour de l'anniversaire de la bataille d'Austerlitz, la publication de l'ouvrage de Claude Ribbe, *Le Crime de Napoléon*, avançant une filiation entre Napoléon et Hitler, les différentes pétitions des historiens, les explications culturalistes sur les émeutes, les déclarations sur l'impossible « intégration » de certains groupes, le refus d'Aimé Césaire, dans un premier temps, de recevoir le ministre de l'Intérieur, la pétition des « Indigènes de la République ». Puis le procès intenté à l'historien Olivier Pétré-Grenouilleau a produit une réaction particulièrement médiatisée d'historiens. Le ton s'est durci. Le terrain s'est divisé en deux camps, chacun renvoyant à l'autre des accusations de censure. Ceux qui souhaitaient ramener le débat à ses enjeux démocratiques ont été sommés de choisir ou de prendre position pour justifier leur légitimité. Il fallait choisir entre « Dieudonné[1] » et la science. Ce que je voudrais souligner avec ces remarques, c'est un recul du débat politique et la place laissée à la violence : violence de l'institution, violence de celui qui criera le plus fort. Sur certains sites, un fichier de noms circule où chercheurs et élus ultramarins (car cela ne touche pas seulement des « Français », cibles des attaques les plus médiatisées) sont accusés de collaboration, de trahison ; leurs propos sont déformés, leurs arguments rejetés. Ces derniers se retrouvent pris sous plusieurs feux, dans leur propre société (Jacky Dahomay a signalé, en 2005, les attaques qu'il a subies après s'être interrogé sur l'éventualité d'une adhésion d'une partie de la population aux déclarations de Dieudonné relayées sur les ondes guadeloupéennes, sans que le CSA s'en émeuve) et en France.

On ne savait plus très bien de quoi on parlait. Il y avait crise, disait-on, mais crise de quoi ? de la République ? de la démocratie ? de l'autorité ? de l'intégration ? crise économique et sociale ? Les questions posées à la mémoire de l'esclavage témoignaient souvent de la surprise et de la

---

1. Je mets le nom entre guillemets pour indiquer un phénomène qui dépasse la personne même de l'humoriste, celui des passions hétérogènes se fixant autour de ses déclarations.

confusion : « Que se passe-t-il ? Qu'est ce qui leur arrive ? » ;
« D'après vous, la mémoire de l'esclavage a-t-elle eu un
effet sur les émeutes des banlieues ? » ; « La France n'a-t-elle
pas apporté l'éducation et la santé ? Pourquoi ce ressentiment ? » ; « Pourquoi Césaire se revendique-t-il Nègre ?
N'est-ce pas être anti-français ? » ; « Pourquoi les Antillais
sont-il si attachés au passé ? ».

À la surprise et à la confusion se sont ajoutés la suspi-
cion et le ressentiment de certains groupes auto-proclamés
dépositaires de la mémoire. Invectives, menaces, refus du
débat, repli sur soi les caractérisent. Les expressions de
haine et d'envie, notamment envers les Juifs, témoignent
d'un immense déficit démocratique. On ne cherche plus à
débattre, mais à se prévaloir d'un « plus » : « plus » victimes,
« plus » oubliés, « plus » ignorés.

Cette surenchère invite à se demander, avant toute autre
enquête, s'il est seulement possible d'avoir un débat démocratique sur les mémoires des victimes. Pourtant, à peine
a-t-on démontré qu'un tel débat est possible, et qu'il faut
même continuer à le rendre possible, que de nouvelles informations viennent occuper le devant de la scène et obligent
à douter de cette possibilité. N'est-ce que pure illusion ?
Pensons, par exemple, aux tortures effroyables infligées à
un jeune homme, Ilan Halimi, suivies de son assassinat, en
février 2006, par un groupe dont le chef affiche antisémitisme et faux apitoiement sur son sort « d'esclave ». Pensons
aussi au rapport 2005 de la Commission nationale consulta-
tive des droits de l'homme qui signale une banalisation des
propos racistes, interprétés comme une « vraie tendance au
repli sur soi ».

Ce que révèlent ces débats est du domaine de l'impensé. La confusion et l'outrance ont fait oublier les objectifs premiers de la mémoire de la traite et de l'esclavage : le souci d'en écrire l'histoire et d'en assumer l'héritage s'entend à l'origine comme la volonté d'y prélever ce qui permet d'avancer, pour que du neuf advienne. Sans doute la haine, l'envie et la jalousie ont-elles fait douter de ces objectifs ; mais, à y regarder de plus près, ces dérives ne sont pas propres à ces questions. Et ce n'est pas en les refoulant que l'on fera disparaître les excès. Pour avoir connu et étudié les dérives de l'afrocentrisme aux États-Unis, ou celles du nativisme en Afrique, j'ai compris qu'elles affectaient tout discours tendant à reconstruire, sur une base fantasmée, une pureté hostile au mélange et à l'hybride. Je sais aussi qu'il ne suffit pas, pour les faire disparaître, de leur opposer un silence dédaigneux ou une indignation exaspérée. Seuls le combat contre les outrances, la lutte contre les inégalités, la recherche, la réflexion sur le vivre ensemble et l'interculturel pourront les marginaliser.

Nous payons le silence et le retard qui ont permis aux discours du complot de s'engouffrer. Donner du sens à une citoyenneté, travailler à un récit national qui reconnaîtrait la pluralité des récits, reconstituer le débat démocratique, renouveler les concepts et la méthodologie pour parler de la traite et de l'esclavage sont des voies possibles pour dépasser un enlisement où la mémoire est instrumentalisée au service d'intérêts particuliers, où la mémoire de l'autre est perçue comme prenant trop de place.

Brandi par des groupes différents, le mot « esclavage » est soudain revenu sur la scène publique, non pas pour évoquer ce qu'on appelle «l'esclavage moderne», mais une réalité multiforme, surgie comme la métaphore d'une perception de déni ou comme une racine identitaire. L'esclavage et sa mémoire ne constituent pas les fondements d'une communauté «noire»; cette dernière n'existe pas, ou alors comme référence fluide, mouvante, stratégiquement utilisée. Cette fluidité coexiste avec une «présence noire», identifiée ainsi dans différentes expressions artistiques, culturelles et sociales, qui réclament et rejettent ce qualificatif tout à la fois. Pour comprendre tout cela, il faut sans doute laisser tomber les grands discours et étudier la réalité, travailler en croisant les regards, sans oublier un seul aspect...

La confusion qui règne révèle aussi la difficulté du débat démocratique : qui écoute qui ? Pour engager un débat avec des adversaires, il faut pouvoir écouter. Je ne défends pas une position naïve qui prétendrait que la parole à elle seule peut transformer une situation aux causes multiples, je dis simplement que, face à des stratégies qui cherchent à imposer une position hégémonique, il faut développer des contre-stratégies, des contre-pouvoirs, des alternatives. Il y a toujours des personnes avec qui la discussion est impossible, et seul un renversement des rapports de force peut faire comprendre à l'autre que sa position l'exclut du débat démocratique. En revanche, on attend d'adversaires ou d'alliés une certaine capacité à écouter. En d'autres termes, je n'attends pas de ceux qui créent un apartheid culturel ou ethnique et défendent une position absolutiste qu'ils cherchent à débattre, et je ne suis pas surprise qu'ils traitent leurs contradicteurs comme des ennemis. Mais j'attends de ceux qui se présentent comme défenseurs de l'universel et de l'idéal républicain qu'ils agissent selon leurs principes et ne transforment pas cet idéal en absolutisme.

Le glissement vers « avec nous ou contre nous » a considérablement appauvri le débat public et rejeté à la marge les paroles et les écrits, nombreux, de celles et ceux qui ont déjà commencé cette conversation sur race et république, citoyenneté et inégalité, différence culturelle et démocratie. La multiplication de journées d'études, séminaires, colloques, festivals, conférences témoigne de ce que, à côté de ce terrain binaire, des citoyens se regroupent pour écouter, comprendre et inventer de nouvelles stratégies d'alliance. Nouvelles, car l'anti-racisme tel qu'il a été élaboré et mis en pratique se heurte aujourd'hui à l'affirmation d'identités qui ne veulent plus se fondre dans une identité universelle abstraite. Ces stratégies se fondent sur l'intégration, et non sur la disparition d'histoires et de mémoires issues de l'esclavage et du colonialisme.

Il faut repenser l'identité française. Comment se fait-il qu'Aimé Césaire soit un citoyen « français », mais un écrivain « francophone » ? Qui est français ? qui ne l'est pas ? L'histoire hétérogène et troublée de l'accès à la citoyenneté et des liens complexes et ambivalents entre citoyenneté et différence culturelle témoigne de l'ombre toujours portée de l'esclavage et du colonialisme sur la démocratie et la République.

1 667 436 personnes constituent la population des quatre DOM. On peut décider qu'elles ne comptent pas, mais alors on doit développer l'argument, expliquer pourquoi ni leur histoire ni leur culture ne comptent, sinon sous forme

d'exotisme, et pourquoi on se sent autorisé à les appeler des « secteurs particuliers de l'opinion ». En réalité, la question de la place de l'outre-mer dans la République revient de façon lancinante.

Ces sociétés connaissent depuis des décennies des taux de chômage importants, oscillant entre 20 et 30 %. Leurs économies, reposant sur la banane, le sucre ou l'ananas dans un marché globalisé et libéralisé, sont extrêmement fragiles. Elles sont situées dans des régions qui présentent à la fois des avantages à saisir et des obstacles : ce sont des départements français entourés de pays indépendants ; leurs populations ont peu développé de liens avec les populations environnantes ; elles maîtrisent mal les langues étrangères pourtant parlées dans leurs régions (anglais, espagnol, chinois, hindi) ; elles souffrent de la forte centralisation du système français et entretiennent un lien de dépendance par rapport à la France, dont il faudrait du reste refaire l'histoire ; se percevant « françaises », elles tendent parfois à jeter un regard condescendant sur leurs voisins, moins « modernes ». Mais elles sont aussi, aujourd'hui comme hier, fortes de leur diversité culturelle et religieuse.

La démonstration a déjà été faite que toute écriture de l'histoire centrée sur les dates, les lois et les idées, mais ignorant le contexte social, culturel, philosophique et politique, atteint très vite ses limites. Les historiens des DOM ont souligné la nécessité d'un travail pluridisciplinaire sur l'esclavage, mais qui connaît leurs ouvrages ? Très peu de chercheurs, essentiellement ceux qui se sont consacrés à ces sujets, et dont la position reste, à leurs dires, marginalisée. Aux États-Unis comme en Angleterre, pays qui partagent avec la France l'histoire d'une révolution inspirée des Lumières et l'organisation d'un système de traite négrière et d'esclavagisme, les travaux sur l'esclavage sont profondément pluridisciplinaires, et les historiens ont bénéficié des apports des sciences humaines. L'esclavage n'y est plus simplement un fait historique, mais un événement aux ramifications multiples, avec des répercussions sociales, juridiques, politiques, culturelles et des conséquences profondes dans la construction même de la société. La notion de race occupe une place centrale, qui structure la société, et il est impossible de la négliger.

Dans cet ouvrage, je reprends des arguments que j'ai développés depuis une décennie dans des articles et des essais, et je les actualise à la lumière des enjeux les plus récents[1]. J'ai pensé qu'il était nécessaire de proposer, avec d'autres, une relecture et une nouvelle écriture de l'histoire coloniale pour mieux comprendre pourquoi et comment elle est devenue un enjeu social et culturel. Nécessaire, car j'ai trouvé certaines remarques insultantes. Si l'outrance, les excès de certaines associations ou d'individus ne sont pas pour me surprendre, j'ai été surprise et révoltée de la virulence de certains commentaires au plus fort du débat sur la mémoire de la traite et de l'esclavage.

Écrites directement en prise avec l'actualité, à la veille de la première commémoration nationale des mémoires de la traite négrière, de l'esclavage et de leurs abolitions, le 10 mai 2006, ces pages présentent un résumé des argu-

---

1. Je remercie Roger Botte, Étienne Balibar et Natalie Levisalles qui m'ont autorisée à utiliser certains de mes articles parus sous leur direction.

ments contenus dans les contributions qui ont, le plus, façonné le débat. Les controverses et les glissements de sens qui se sont fait jour rendent à mon sens cette explication de texte au plus haut point nécessaire. Je précise que je ne suis pas historienne, bien que je sois souvent identifiée ainsi, ce qui n'est pas surprenant, car les thèmes de la traite négrière, de l'esclavage et du colonialisme sont toujours considérés comme relevant d'abord du champ disciplinaire de l'histoire. C'est bien parfois le problème, et je m'en expliquerai dans le chapitre 2.

Ma formation en sciences politiques, je l'ai menée aux États-Unis, à Berkeley, dans une université largement ouverte aux problématiques des *postcolonial* et des *cultural Studies* et à leurs critiques, s'appuyant sur les travaux issus des *African-American, Native-American* et *Hispanic Studies*, sans oublier l'apport du féminisme, de la psychanalyse et de la linguistique. Pour donner un exemple, l'analyse de la Déclaration d'indépendance, texte fondateur de la démocratie américaine, impliquait la mise en évidence de ses manques, de ses silences et de ses apories. Il ne s'agissait pas, comme une critique simpliste voudrait le faire croire, de rejeter la philosophie des Lumières qui sous-tendait ce texte, mais d'expliciter les critiques contemporaines exprimées par ceux qui étaient exclus de la communauté des citoyens libres et égaux, de faire apparaître les tensions du texte, le vocabulaire qui légitimait l'exclusion et de le comparer avec des textes similaires venant du monde non européen. Lire les « grands textes » signifiait ne pas les croire totalement séparés des réalités quotidiennes.

Cette démarche universitaire a du reste suscité une

opposition violente. Fallait-il, à la limite, soumettre Platon, Aristote, Kant, Rousseau à une lecture rétroactive, c'est-à-dire à la lumière des « divagations » postcoloniales (ou féministes, etc.) ? Les partisans d'un « canon » de textes universels se sont gaussés de telles prétentions. Ils les ont interprétées en termes de désir de vengeance, de demande de « repentance », et se sont insurgés contre une idéologie victimaire. Mais ces critiques avaient pour but de travailler à la démocratisation d'un système, et non pas de nier l'apport des textes fondateurs. C'était « moins par esprit de vengeance rétrospectif que par besoin urgent de liens et de mises en relations [1] » que ce travail critique s'est engagé. Il a ouvert des champs d'études, en a revivifié d'autres.

Les études postcoloniales n'ont cependant pas toujours échappé à la tentation de réenchantement du monde. Certains auteurs ont inventé un passé précolonial pur de tout conflit, fantasmant du même coup un monde victime de l'Occident. Ils ont cédé au désir d'être les détenteurs de la morale et ont donné une « place centrale à la prestation de l'Europe sur la scène mondiale, le reste étant réduit à l'état de victime », adhérant à une « vision exotique de tout ce qui n'est pas l'Occident » et à une « étude du non-Occident essentiellement réduite à sa rencontre avec l'Occident », comme l'a fait remarquer Sanjay Subrahmanyam [2]. Cette

---

1. Edward Saïd, *Culture et impérialisme*, trad. Paul Chemla, Paris, Fayard, 2000, p. 24.

2. Sanjay Subrahmanyam, Préface à l'édition française, in Velcheru Narayana Rao, David Schulman et Sanjay Subrahmanyam, *Textures du temps. Écrire l'histoire en Inde*, trad. de l'anglais Marie Fourcade, Paris, Seuil, « Librairie du XXIᵉ siècle », 2004, p. 8.

attitude a aussi nourri nombre de discours militants, qui se sont employés à décrire des mondes innocents et sans histoire, c'est-à-dire sans guerres, sans inégalités et sans conflits, et à faire de l'Occident le mal absolu. Ainsi, au début de 2006, lors d'un colloque dans une université française, j'ai pu être l'objet d'attaques verbales violentes de la part de membres du public qui contestaient ma remarque sur l'existence de l'esclavage en Afrique avant l'arrivée des Européens. Ils ne pouvaient supporter l'énonciation de ce fait, qui blessait leur narcissisme, comme de nombreux Français ne supportent pas d'entendre que la colonisation n'a eu aucun aspect positif. Dans cette atmosphère, il est difficile de faire entendre une voix qui ne se veut pas « raisonnable », au sens d'une raison abstraite qui ne tiendrait pas compte des émotions et de la subjectivité, mais au sens d'une voix qui chercherait à dire la complexité.

Ma position est celle d'un chercheur qui a investi ces domaines à partir d'un parcours singulier, entre plusieurs territoires et plusieurs langues. Je reçois une éducation primaire et secondaire à l'école publique française, mais dans un département d'outre-mer de l'océan Indien où le créole est la langue parlée par le plus grand nombre ; je poursuis une formation universitaire entièrement en langue anglaise aux États-Unis. Je travaille depuis 1996 dans des institutions anglaises, d'abord à l'Université du Sussex puis, à partir de 2000, au Goldsmiths College (Université de Londres), tout en continuant à donner des séminaires dans des universités américaines ou africaines de langue anglaise. Je ne parle pas au nom d'une seule institution de recherche, d'une seule école universitaire. J'écris mes articles et mes livres aussi bien en anglais qu'en français. Cette circulation entre langues et entre modes de pensée, entre sources bibliographiques venant du monde africain, malgache, anglais, français ou asiatique, et l'étude des sources orales en créole rend plus difficile une position tranchée. À l'image d'autres chercheurs et écrivains du monde post-colonial, je m'autorise le détour. Je ne rejette ni n'idolâtre l'Europe ou le monde postcolonial. Pour moi, les textes sont des outils, dont j'attends qu'ils m'aident à penser. La singularité de mon parcours ne fait cependant pas obstacle à sa cohérence. Le fil conducteur de mon travail a toujours été le même : partir du lieu « île de La Réunion » pour en éclairer les phénomènes, par comparaison avec des situations similaires ou proches. La recherche sur La Réunion est pour moi inconcevable en dehors d'une démarche comparative : elle doit s'appuyer à la fois sur l'analyse d'un espace plus vaste, le monde india-océanique, sur l'analyse des rapports entre la France métropolitaine et La Réunion, La Réunion et les autres départements d'outre-mer, et sur l'analyse de la situation coloniale mondiale. Ainsi, étudier l'esclavage à La Réunion exige une connaissance du débat philosophique et politique sur l'esclavage en Europe, l'organisation de la traite interrégionale pré-européenne, la traite européenne, un recours aux travaux de démographie sur les populations esclaves, d'histoire des luttes contre l'esclavage dans le monde, la prise en compte de l'impact de la Révolution haïtienne, des doctrines abolitionnistes, etc.

Cette démarche comparative suppose la diversité des terrains et des thématiques, et j'ai pu échapper à la tentation d'une recherche soumise à des exigences trop « locales », en m'éloignant géographiquement de La Réunion, en faisait l'expérience d'autres cultures et d'autres organisations sociales, en adoptant une autre langue. Pour autant le lien que j'ai gardé avec La Réunion m'a permis d'échapper à deux tentations : celle de l'abstraction et celle de l'idéalisation. La Réunion est restée mon archive, le terrain vers lequel je me tourne pour tester des hypothèses. Cette île inhabitée, devenue « française » par l'acte de possession de 1642, habitée par des colons et des esclaves, par des travailleurs engagés, sous statut colonial jusqu'en 1946, et depuis département puis région française et région « ultrapériphérique » européenne, compte aujourd'hui plus de 700 000 habitants : ce sont des descendants d'esclaves, d'engagés, de colons et d'immigrés qui sont venus d'Afrique, de Madagascar, des Comores, de Chine, de l'Inde du sud, du Gujerat, d'Europe et de France. Tous ces groupes ont été soumis aux processus de créolisation à l'œuvre depuis la création de cette société.

Le caractère pluriculturel de ces terres d'outre-mer ne suffit pas en tant que tel à les désigner comme l'avenir du monde : ce ne sont pas des modèles (et peut-être faudrait-il abandonner toute idée de modèle fixe applicable à n'importe quelle situation). Elles sont tout simplement le lieu où habitent des populations nées de l'esclavage, de l'engagisme et du colonialisme, qui ont choisi de mettre fin au statut colonial en devenant département et qui, aujourd'hui, se posent la question de leur présent et de leur avenir. Le temps postcolonial dans lequel ces sociétés sont entrées est plus complexe qu'il y a dix ans, et elles se retrouvent traversées par des conflits, des tensions sociales ou à caractère ethnique et racial. Des membres d'une même famille vivent en France métropolitaine et sur l'île, plusieurs générations ont vécu sans accès à un emploi régulier, l'avenir apparaît plein d'incertitudes. En même temps, plusieurs générations ont accédé à l'éducation supérieure, le secteur privé s'est développé, les gens ont voyagé, consultent l'Internet, etc.

Dans la conclusion de *Peau noire, Masques blancs*, Frantz Fanon déclarait ne plus vouloir être « esclave de l'esclavage », ne plus vouloir porter la douleur et la souffrance de ses ancêtres. Ces remarques ont paru problématiques. Elles pouvaient être utilisées et être instrumentalisées comme autant d'injonctions à oublier : « Cela suffit ! Mais pourquoi être ainsi tournés vers le passé ! Inspirez-vous de Fanon ! » Fanon ne prescrit cependant pas l'oubli, mais bien plutôt le dépassement. Il montre à quel point l'assignation à une couleur, une histoire, une culture, à des « racines » peut être une entrave particulièrement efficace. À l'inverse, l'individu qui s'inspire de ce passé peut y puiser des rêves, des désirs, des inspirations et peut tout aussi bien vouloir se libérer de ses aspects les plus étouffants. Fanon n'avait aucune envie de se voir sans cesse rappeler le passé. Ce n'est pas parce qu'il était noir qu'il devenait spécialiste de musique « noire », qu'il ne vibrait pas pour d'autres musiques, d'autres imaginaires. Il cherchait à construire une amitié transcontinentale, transraciale à même de lier ceux qui voulaient construire un « nouvel humanisme ». L'irritation de Fanon fait écho à celle des femmes qui se sont révoltées contre des assignations à une image de « la » femme, cette chose totalement inventée, fantasmée ; à celles des Africains sommés de se conformer à une image du

21

« Noir », à « une » culture africaine, alors que l'Afrique est un continent extrêmement divers et complexe. Pour autant, ces assignations ne disparaîtront pas parce qu'on aura soudain fait abstraction des différences. La démocratie gagne à se confronter à ces tensions entre différences et unité, dans la recherche de l'intérêt général.

Il faut donc revenir sur les conditions et les causes de l'oubli, et imaginer son dépassement, sans faire le jeu de ceux qui veulent transformer la mémoire de la traite et de l'esclavage en rente de situation, ou cherchent à l'utiliser pour justifier leurs dérives populistes et parfois meurtrières.

Les débats entamés en 2004 ont défriché le terrain du dépassement. Les propositions du Comité pour la mémoire de l'esclavage (CPME), rendues publiques dès le 12 avril 2005, allaient dans ce sens. Il s'agissait d'offrir des alternatives aux discours accusateurs, qui dénonçaient le complot du silence et la volonté de faire taire, et aux discours de victimisation, sur l'unicité de la douleur. Mais le débat s'est focalisé sur une formule – « la loi s'allie à la mémoire contre la recherche » –, et cette fixation a rendu suspect le discours sur la mémoire et remis en cause sa légitimité. Des lois dites « mémorielles » voulaient imposer une « histoire officielle ». Il fallait mettre fin à cette dérive, et cela fut entendu comme un geste citoyen. Demander l'abrogation de l'une entraînait inévitablement l'abrogation des autres. Fallait-il pourtant réserver le traitement du thème de l'esclavage aux seuls historiens, tel un sujet enfoui dans la poussière des archives ? Cette confiscation comportait un risque, celui de faire oublier qu'il s'agissait de femmes et d'hommes qui ont transmis de génération en génération des récits de l'expérience vécue de l'esclavage, la soumission et la peur, la révolte et la résistance, les accommodements et les humiliations, les choses de la vie, langues, rites, croyances, musique, cuisine, médications, etc. Ce ne sont pas des thèmes abstraits, mais une mémoire «raturée», pour reprendre l'expression d'Édouard Glissant, qui a entraîné des effets destructeurs pour les populations guyanaise, guadeloupéenne, martiniquaise et réunionnaise.

Dépasser l'oubli, ce n'est pas poursuivre la rature, mais donner à comprendre. Les traces sociales et culturelles de l'esclavage perdurent sur les terres où il a eu cours. Il n'y a certes pas de continuité historique stricte entre l'esclavage et les injustices présentes, mais assurément des échos, des constantes. Ce double souci d'oublier le passé servile et de s'en saisir sans cesse pour expliquer le présent peut paraître contradictoire à l'observateur qui n'a aucune connaissance de ces sociétés. Ces sociétés ne sont pas statiques : il y vit des descendants d'esclaves qui, en tant que citoyens français, exigent que l'héritage de l'esclavage soit examiné avec leurs concitoyens. Ils ne veulent plus être esclaves de l'esclavage, qui fut imposé à leurs ancêtres. Ils ne veulent pas être enfermés dans le passé, mais sont convaincus que sans un examen et un tri de l'héritage, ce passé restera un passif, une assignation à résidence.

I.

La mémoire enchaînée

L'habitation est un camp retranché
Un exil intérieur
L'union d'une terre exsangue et d'un homme amer
Superbe et indifférent.
L'habitation est un camp retranché
Où se cultive la canne à sucre.

Riels Debars [1]

Un samedi matin de janvier 2006, j'ai été invitée à parler de la traite négrière et de l'esclavage à deux classes de CM2 dans une ZEP, près de Paris, dans une de ces villes appelées « banlieue », avec toutes les connotations que cela suppose. Les enseignants avaient utilisé une exposition réalisée en 1998 pour préparer les élèves. J'avais devant moi de jeunes enfants de dix-douze ans, filles et garçons aux parents d'origines diverses, de toutes « couleurs ». Le directeur de l'école m'avait dit en montrant les barres d'habitation qui entouraient l'école : « Il n'y a aucun dentiste, aucun docteur dans ce quartier. Il faut toujours prendre le bus et aller plus

---

1. Riel DEBARS, extrait de « L'Oriflamme léthargique », in *Œuvres poétiques complètes*, Saint-Denis, La Réunion, Éditions Grand Océan, collection « La Roche écrite », 2000, p. 13.

loin. » Cela ne m'a pas surprise : j'avais connu aux États-Unis ces quartiers désertés par les commerces et tout ce qui semble « naturel » aux couches sociales favorisées, tout ce qui rend la vie quotidienne facile, voire agréable, le boulanger ou le fleuriste au coin de la rue, le médecin à proximité, la pharmacie, les boutiques...

Ces enfants étaient attentifs, sérieux, pressés de parler ; ils avaient préparé toutes leurs questions par écrit. Il m'a fallu trouver les mots pour évoquer des choses horribles : enfants soustraits à leurs parents, femmes et hommes arrachés à leur pays et à leur famille pour devenir des objets que d'autres hommes posséderaient. Puis je leur ai donné la parole, et leurs questions ont fusé, sans fin. Deux thèmes revenaient souvent : le premier exprimait leur horreur devant la pratique propre aux bateaux négriers, qui consistait à jeter par-dessus bord le corps des esclaves morts. Cela dépassait leur entendement. J'ai trouvé leur insistance à ce sujet extrêmement intéressante. Ils semblaient tous percevoir ce que cela signifiait : ces morts ne méritaient pas de sépulture. Ils disparaissaient anonymement, leurs proches ne sauraient jamais où et quand ils étaient morts, la mer devenait leur tombeau. Me revint alors en écho une des phrases du magnifique poème de Derek Walcott, *The Sea Is History*, « *Bone soldered by coral to bone* [1] ».

L'autre question récurrente, qui n'était pas seulement posée par de petits « Noirs », était la suivante : « Pourquoi les Noirs ? » Oui, pourquoi les Noirs furent-ils la cible des

---

1. Derek WALCOTT, *Collected Poems*, 1948-1984, New York, The Noonday Press, 1986, p. 364.

marchands d'esclaves ? Je leur ai expliqué comment cette
« couleur » fut inventée, leur racontant l'histoire de ce jeune
prince ashanti donné en esclavage comme garantie d'un
marché de traite illégale avec des Hollandais ; la première
phrase de ses mémoires disait : « Pendant les dix premières
années de ma vie, je n'étais pas noir », c'est-à-dire jusqu'au
moment où il fut vendu comme esclave [1]. Je leur ai rappelé
que les expressions « homme de couleur » ou « Libre de
couleur » signalent bien ce qui qualifie cette personne : c'est
sa couleur, et non pas son appartenance à l'humanité ou à
la catégorie des Libres. Toute personne qui entend ou lit
cette expression comprend aussitôt qu'il ne s'agit pas d'un
« Blanc ». Le « Blanc » n'est pas une couleur, c'est un signe
de l'universel. La racialisation a beaucoup évolué au cours
des siècles, mais elle a toujours occupé une position centrale.
Les Européens, en prenant pour cible une seule « race », ont
dû inventer le discours de la hiérarchie des races. N'importe
quel voyageur européen arrivant dans une colonie esclavagiste pouvait différencier le Libre de l'asservi, ce qu'il ne
pouvait pas faire en Afrique, car il ne disposait pas des grilles
de lecture (marques sur le corps, par exemple) internes aux
sociétés africaines ou malgaches. Les enfants finirent par
comprendre le lien entre invention des couleurs et création
du discours sur la race, mais ils continuèrent à s'en étonner,
à le trouver absurde. Ils attendaient de moi une explication
qui leur permette de comprendre le monde autour d'eux,
et notamment le processus de fabrication, par la société,

---

1. Arthur JAPIN, *The Two Hearts of Kwasi Boachi*, Londres, Chatto
and Windus, 2000, p. 3 (c'est moi qui traduis). Kwasi Boachi finira sa
vie en Indonésie.

des différences dont ils étaient bien conscients. Ils restaient cependant persuadés du caractère universel de l'humain, car ils n'étaient pas encore formatés ni amers. À la fin de la rencontre, quand on leur demanda ce qu'ils en avaient retenu, un petit garçon « noir » déclara : « J'ai compris que je suis noir mais que je suis égal. » Sa phrase, en ce début de XXIe siècle, faisait écho à l'affirmation révolutionnaire du XVIIIe siècle, formulée par les esclaves à l'encontre des Blancs : « Je suis un être humain et ton égal ! »

Loin de l'agitation médiatique autour de « mémoires portées par des communautés meurtries, trouvant dans les héritages de quoi revendiquer des identités victimaires [1] », les questions de ces filles et de ces garçons, futurs citoyens, renvoient à des interrogations essentielles : comment parler des échos présents d'un héritage raciste qui s'enracine dans l'esclavage ? Comment expliquer la brutalité, la violence, la cruauté de ce système, notamment à des enfants qui peuvent se reconnaître, par la couleur de leur peau et l'histoire de leurs parents, dans des identités associées à des représentations négatives anciennes, produites par le pays dont ils sont citoyens ?

La mémoire de la traite négrière et de l'esclavage n'est pas simplement une source de manipulations et d'abus, mais un enjeu social et culturel actuel. C'est cet aspect que je veux analyser dans cet ouvrage. Je voudrais apporter des arguments à ces enfants, à tous ceux qui subissent les moqueries et le mépris d'une certaine élite française envers leur histoire et leurs mémoires. Je ne défends pas

---

1. *Libération*, 15 mars 2006, p. 36.

l'identité victimaire. Je ne suis pas scandalisée par le fait que des Africains, des Comoriens, des Malgaches aient capturé et vendu leurs voisins et participé à la traite : c'était un commerce lucratif, qui conférait statut et richesse. Je ne m'en offusque pas, ni n'en tire la conclusion que, tout le monde étant « complice », personne n'est responsable. Je cherche à comprendre. Je ne pense pas que l'esclavage suffise à lui seul à expliquer toutes les discriminations et inégalités actuellement subies par les populations issues de systèmes esclavagistes. Cette idée est absurde, et elle fait l'impasse sur le rôle du siècle colonial qui suivit les siècles esclavagistes. Je constate que la mémoire est souvent manipulée, ethnicisée, et je combats cette distorsion. Mais je trouve inadmissible que l'on réduise à un caprice communautariste les demandes de prise en compte de ces mémoires et de cette histoire. Je ne peux m'empêcher de penser que cette résistance qui ne cesse de se réactualiser, voire cette indifférence sont symptomatiques d'un point aveugle dans la pensée française sur le rôle qu'a joué la notion de race dans la construction de l'identité nationale.

Pourquoi une révision de cette histoire serait-elle impossible ? Pourquoi l'abolition serait-elle « naturellement » son point de départ et d'arrivée ? On referme la porte, il n'y a plus rien à dire. Mais il y a eu inégalité des récits. Osera-t-on prétendre que l'histoire des esclaves a reçu la même attention que celle des abolitionnistes ? L'histoire de l'esclavage est à ce point masquée que même celle des négriers et des maîtres n'est pas devenue source de récits nationaux. Surcouf reste le héros corsaire de Saint-Malo, sans que son passé de négrier soit signalé. Je ne suis pas pour la destruction des statues, le changement systématique des noms de rues, les procès aux personnes disparues il y a des siècles, mais pour une reconnaissance des faits. Le crime étant organisé en commerce, on a utilisé tout le vocabulaire du commerce pour le masquer : profits et pertes, double langage, balance commerciale, etc. Or il s'agit d'êtres humains. Il est temps d'éclairer la relation entre commerce et crime, en mettant en évidence que le récit abolitionniste, parce qu'il efface à la fois l'expérience du captif et celle du négrier, de l'esclave et du maître, n'est jamais que celui de l'abolitionniste et de son indignation. Si juste soit-il, il ne peut rendre compte de la capacité du système à perdurer. Il nous faut les récits du négrier et du maître ; il n'est d'ailleurs pas surprenant que de tels témoignages aient été republiés ces dernières années[1], alors qu'un retour sur cette histoire s'amorçait. Mais c'est tout autant la période post-abolitionniste qui hante le débat actuel.

Pour certains, l'histoire s'arrête à la date de l'abolition de l'esclavage, que ce soit 1794 ou 1848, et, s'agissant de trouver une date pour commémorer l'esclavage, ils hésitent entre les deux et manifestent ainsi leur mécompréhension de ce qui ne s'est toujours pas accompli pour celles et ceux dont c'est l'histoire. La notion de « repentance » joue un rôle si important dans le débat qu'il faut s'y attarder. La repentance légitimerait un « racisme antifrançais », autoriserait une « autoflagellation », une « mésestime de soi », exercice qui « n'effleure pas les pays arabes et africains,

---

1. Voir par exemple les récits rapportés par Thorkild HANSEN, *Les Bateaux négriers*, Arles, Actes Sud, 1996 ; J.-P. PLASSE, *Journal de bord d'un négrier*, Marseille, Le Mot et le Reste, 2005.

premiers des esclavagistes[1] ». Je reviendrai sur tous ces termes, mais je m'étonne déjà de cet argument selon lequel on ne pourrait parler d'esclavage ou de colonialisme sans être sommé de repentance : en quoi le choix du 10 mai imposerait-il une repentance, mot qui signifie, selon *Le Petit Robert*, « souvenir douloureux, regret de ses fautes, de ses péchés » ? C'est donc à partir d'un sentiment intime de la faute qu'une personne se repent, et personne, sauf peut-être Dieu, ne peut exiger une repentance. Si les Français ont un « souvenir douloureux », un « regret de leurs fautes, de leurs péchés », c'est à eux-mêmes de comprendre pourquoi ils interprètent en terme de repentance les demandes d'inscription de l'histoire de l'esclavage. Depuis plusieurs années, des peuples, des groupes demandent des excuses publiques aux descendants de ceux qui les ont torturés, asservis, exterminés. Le premier geste qui a eu un retentissement mondial fut celui d'Helmut Schmidt s'agenouillant devant l'entrée du camp d'Auschwitz. Puis Bill Clinton, alors président des États-Unis, demanda pardon pour l'esclavage sur l'île de Gorée et le pape Jean-Paul II pour l'attitude de l'Église envers les protestants, les juifs, les musulmans, etc. Ces demandes de pardon ont beau être problématiques, ce sont les Européens qui ont inventé cette forme publique de reconnaissance du crime, qui a été rapidement adoptée au niveau international. Nous pouvons discuter de ses limites, faiblesses ou contradictions, mais l'excuse a ceci de positif qu'elle présuppose un lien relationnel : on demande des

---

1. Yvan RIOUFOL, « L'autoflagellation, mal français », *Le Figaro*, 3 février 2006, p. 19.

excuses à quelqu'un, et celui-ci vous répond. On reconstruit alors une relation en admettant le dommage. La repentance, quant à elle, se passe entre soi et soi. Excuse n'est pas repentance. Qui plus est, la loi du 10 mai 2001 n'a aucunement, dans ses attendus, indiqué l'attente de repentance.

Défendre 1794 ou 1848 comme date de commémoration révèle le choix d'un récit où l'abolition est à la fois commencement et fin de l'histoire de l'esclavage. C'est la fin de l'esclavage qui lui donne son contenu : en d'autres termes, l'esclavage est indicible comme expérience et il est évoqué quand on proclame son abolition. Ce qui précède et suit cet événement n'est pas énoncé, on y met fin, cela suffit ; mais si l'esclavage est aboli, les souvenirs ne le sont pas. Pour la majorité des populations des outre-mers, c'est à partir du présent que le passé est examiné. C'est ce que tant de commentateurs ont du mal à comprendre. Pour eux, la date de commémoration nationale de la traite négrière, de l'esclavage et de leurs abolitions doit être une date qui reprenne un événement enraciné dans l'histoire locale, celle de la France métropolitaine. Pour François D., dans le courrier des lecteurs du *Monde*, le choix du 10 mai comme date de commémoration nationale de la mémoire de l'esclavage « ne veut rien dire », car cette date correspond au vote de la loi Taubira, « très décriée[1] ». Le bon choix, c'est le 4 février, qui « éviterait la repentance en célébrant la République et l'égalité entre les hommes ». Sur le site www.communautarismes.com, l'Observatoire du communautarisme se prononce pour le 4 février contre le

---

1. *Le Monde*, 5-6 février 2006, p. 17.

23 mai (date proposée par une association) et le 10 mai (date proposée par le CPME) pour ces raisons : «À vrai dire, ni l'une ni l'autre de ces dates ne s'imposent. Dans les deux cas, il s'agit d'événements tirés d'une actualité récente dont la date n'a guère retenu l'attention des citoyens. Les retenir pour une Journée officielle équivaudrait en fait à commémorer une commémoration. » L'Observatoire du communautarisme, qui dit avoir suivi de près les débats des dernières années autour de l'esclavage, en particulier la controverse née de la loi du 23 février 2005 qui reconnaît « le rôle positif de la présence française outre-mer », propose une solution à ce dilemme : choisir le 4 février. C'est encore mal connaître cette histoire. Le décret du 4 février 1794, adopté sous la pression de l'insurrection à Haïti, a peu été appliqué : ni à la Martinique, ni à l'Isle de France, ni à l'Isle Bourbon, ni en Guyane. 1794 efface le rétablissement de l'esclavage par Napoléon en 1802 et le difficile combat de l'abolitionnisme français.

Pour l'historien et académicien Pierre Nora, c'est le 27 avril, date du décret d'abolition prononcé en 1848, qui est légitime. Le choix du 10 mai ne le serait que si le crime était récent et qu'il y eût des survivants. Pierre Nora précise : « La reconnaissance du 16 juillet 1995 et l'institution d'une journée commémorative [des déportés] avaient déjà paru discutables pour certains », mais elle était finalement légitime, car « l'affaire ne concernait pas seulement les juifs, mais tous les Français, à un moment précis et encore récent de leur histoire commune [1] ». Il existe une

---

1. « Pierre Nora et le métier d'historien : "La France est malade de

différence avec l'esclavage, poursuit-il, et « on aurait pu trouver naturel d'en fixer en tout cas la commémoration au 27 avril, jour anniversaire de l'abolition en 1848, il y a plus d'un siècle et demi ». La question suivante éclaire mieux la position des journalistes et de l'historien : « On a vu comment, désormais, chaque minorité exige, au nom de la "mémoire", de réintégrer l'histoire commune[1]. » Les minorités entreraient ainsi par effraction dans l'histoire commune. Mais l'histoire de la traite et de l'esclavage n'est-elle pas l'histoire de la France ? N'est-ce pas la France qui a participé à ce commerce et lui a donné une légitimité administrative et juridique ? N'est-ce pas la France qui a colonisé et déporté sur ses colonies des milliers de captifs ? Cette histoire est la sienne, et ce n'est pas la faute des populations issues de l'esclavage si elle souffre d'amnésie.

L'enjeu aujourd'hui, c'est de faire entendre ce qui n'a pas été entendu : l'esclavage a produit une idéologie raciste, et cette idéologie continue à agir dans le présent. L'esclavage a produit des sociétés qui existent dans l'espace de la République. Les esclaves des colonies françaises voulaient devenir citoyens de la République, et cela leur fut maintes fois refusé. Ne serait-il pas utile de revenir sur les raisons de ce refus ? Le débat émerge aujourd'hui, car le rapport de forces a changé : les sociétés post-esclavagistes sont parvenues à une maturité qui leur permet de revenir sans honte sur cette humiliation d'être nées de l'organisation de l'asservissement et de sa racialisation ; des chercheurs jusqu'ici isolés, igno-

---

sa mémoire" », Le grand entretien, in *Le Monde 2*, 18 février 2006, pp. 20-27, p. 26.
    1. *Ibid.*

rés, sont davantage écoutés ; les médias les accompagnent. Pour sortir du débat qui oppose les savants aux militants, il faut, à mon avis, poser la question non pas en termes de devoir de mémoire ou d'obligation sociale, mais en termes de relation politique, d'intérêt commun. Cette histoire, partagée par les maîtres et les esclaves, les colonisateurs et les colonisés, dans la mesure où ils l'ont faite ensemble, sur un même sol, à travers les conflits et les négociations, le rejet et la rencontre, a produit des récits opposés, qui s'excluent. Or, comme Aimé Césaire, Frantz Fanon ou Albert Memmi l'avaient compris, entre tant d'autres, ces histoires se croisent, s'interpellent, s'influencent[1].

LA SURPRISE DE L'OPINION FRANÇAISE

La France a choisi de célébrer, chaque 10 mai, les mémoires de la traite négrière, de l'esclavage et de leurs abolitions. Ce choix prendra acte en 2006 pour la première fois. Cette date nationale va-t-elle accomplir ce que des siècles n'ont pas su faire : inscrire officiellement cette histoire dans la mémoire nationale et dans l'espace public ? Donnera-t-elle envie aux Français de connaître ce pan de leur histoire ou vont-ils continuer à considérer que cela ne concerne que les « descendants d'esclaves » ? Au long de l'année 2005, sous les regards surpris des Français,

---

1. Aimé CÉSAIRE, *Discours sur le colonialisme*, Paris, Présence africaine, 1955 ; Frantz FANON, *Peau noire, Masques blancs*, Paris, Seuil, 1952 ; Albert MEMMI, *Portrait du colonisé, précédé de portrait du colonisateur*, Paris, Payot, 1973.

la question de l'esclavage s'est imposée comme question sociale et culturelle. Jusqu'ici, ce thème était débattu et connu de quelques historiens en France et des populations d'outre-mer. Même si ces dernières n'ont pas nécessairement une connaissance approfondie de leur propre histoire, l'esclavage y est pourtant fortement présent comme acte fondateur de la société, et cet acte pèse encore sur leur vision du monde. L'opinion publique française largement ignorante de cette problématique s'est étonnée de la force avec laquelle le problème se pose : l'esclavage n'a-t-il pas été aboli depuis 1848 ? Qui sont ces « descendants d'esclaves » ? Peut-on sérieusement évoquer l'esclavage aujourd'hui dans une France républicaine ? Les Français se sont étonnés de cette présence de l'esclavage plus d'un siècle après son abolition et se sont demandé si ces mouvements autour de la mémoire de l'esclavage ne témoignaient pas plus d'une montée des communautarismes que d'un véritable besoin de faire entendre une histoire.

Ces réactions témoignent d'une profonde ignorance à la fois de l'esclavage et des sociétés qui en sont issues. Cette ignorance est préoccupante, car elle nourrit, d'un côté, de l'arrogance – celle d'une indifférence assumée – et, de l'autre, du ressentiment – envers cette indifférence vécue comme mépris, d'autant qu'elle est surtout revendiquée par une partie de l'élite française. La société française est confrontée à un retour du refoulé : elle a voulu croire que le colonialisme faisait enfin partie du passé, dès lors qu'un beau jour de juillet 1962 l'indépendance de l'Algérie fut proclamée. Elle aura cependant encouragé par la suite l'immigration massive d'ouvriers de l'ancien empire et de petits fonctionnaires ou d'ouvriers des anciennes colonies esclavagistes. Les enfants de ces immigrés s'interrogent aujourd'hui sur la place que l'histoire de leurs parents occupe dans l'histoire de la France, et sur leur propre place en tant que citoyens. Ils s'interrogent sur le thème de la neutralité du citoyen – sans sexe, sans race, sans religion –, mais leurs interrogations sont aussitôt traduites comme des menaces envers l'intégrité de la République.

Et pourtant, malgré la volonté de renvoyer le passé au passé, nombreux sont, en ce début du XXIe siècle, les documentaires, les émissions de télévision et de radio, les tribunes libres, les pétitions, les articles de presse, les lois, les projets de musées qui sont consacrés à la manière dont la société contemporaine est affectée par ses héritages. Des études mettent en évidence des discriminations à l'emploi, au logement, à la formation, à l'accès aux plus hauts postes de direction dans le public et le privé pour les personnes issues du monde postcolonial. Des associations nouvellement créées prennent pour nom « Devoirs de mémoires » ou « Conseil représentatif des associations noires ». Le gouvernement lui-même a créé des structures *ad hoc* (la Haute Autorité pour l'égalité et contre les discriminations [HALDE] et le Haut Comité pour l'intégration) et institué le Comité pour la mémoire de l'esclavage demandé par la loi Taubira.

Les tensions n'en sont pas moins indéniables, entre, d'un côté, le repli sur soi et, de l'autre, la montée en puissance d'identifications « ethno-culturelles » dans l'espace public. L'idéal d'une République où l'expression d'identités culturelles ou religieuses serait confinée dans la sphère privée est mis à mal. Cette émergence inquiète de nombreux Français qui y voient en bloc des attaques contre une certaine idée de la République. Cette émergence est très souvent analysée sous le terme de « communautarisme ». Le débat est présenté comme un combat entre partisans d'une identité républicaine neutre, dont les fondations seraient une loyauté envers les valeurs de l'égalité et de la liberté, et partisans d'identités singulières affirmées. Le modèle français d'intégration s'oppose au modèle « anglo-saxon », sans que ce terme d'« anglo-saxon » systématiquement utilisé fasse l'objet d'un retour critique : on ne saurait dire avec précision qui il désigne, ni quoi.

Dans ce contexte, l'analyse de la problématique de la mémoire de l'esclavage et des populations qui s'en réclament pourrait bien apporter un éclairage utile. En effet, l'esclavage et le système colonial produisent des sociétés pluriculturelles, et bien que les conditions de cette créolisation soient loin d'être pacifiques, ces processus sont au cœur des problématiques actuelles. Violence, exploitation brutale, déshumanisation, hiérarchie raciale, domination d'un petit groupe d'hommes blancs sur une majorité d'hommes noirs et processus de créolisation tissent la trame des sociétés esclavagistes. L'héritage en est multiple : d'une part, le souvenir de l'humiliation, de la violence, du mépris raciste, et ses traces dans le présent ; de l'autre, des langues, des cultures, des imaginaires de la diversité et de l'unité ; d'un côté, des inégalités dans l'accès au foncier et au capital qui pèsent encore sur l'organisation économique ; de l'autre, des pratiques qui préfigurent les bouleversements et les mutations actuels.

L'ALTÉRITÉ

La France[1] découvre aujourd'hui une altérité qui existait déjà depuis bien longtemps en son sein, mais qu'elle avait choisi d'ignorer, oubliant, voire occultant son histoire. C'est parce qu'elle surgit dans ses « banlieues » que l'altérité inquiète. Or l'esclavage apporte, en métropole et dans la colonie, avec lui, malgré lui, inévitablement, du pluriculturel, du plurilingue, du plurireligieux, et il entraîne inévitablement une démocratisation de la vie politique en métropole et dans la colonie. La « présence noire » en France remonte à plusieurs siècles. Très vite, la France va édicter des règles et des lois pour contenir cette présence. Ces Noirs ne sont pourtant pas nombreux – à peu près cinq mille sur vingt-sept millions d'habitants à la veille de la Révolution[2] –, mais déjà ils inquiètent. De fait, l'esclavage met la métropole en face de ses contradictions. Pour obtenir leur liberté, les esclaves s'appuient sur le principe de 1771, énoncé dès le XVIᵉ siècle – la France, « terre de liberté » ne permet « aucun esclave sur son sol ».

L'amnésie ne frappe pas seulement l'histoire des comportements anciens qui consistaient à refuser tout contact avec les Noirs, mais aussi le rôle actif que les esclaves ont joué dans la vie politique et l'avènement de la démocratie. Parmi les grands récits révolutionnaires qui racontent la fin

---

1. « La France » doit être entendue comme l'immémoriel, l'intemporel ; la « République » comme la *res publica*, l'autre, le commun.

2. Erik NOEL, *Être Noir en France au XVIIIᵉ siècle*, thèse d'habilitation, 2005, à paraître.

du régime de droit divin, celui de la Révolution haïtienne n'a jamais sa place. Les révolutions anglaise, américaine, française constituent les références de l'avènement de la démocratie, des mises en acte des idéaux du siècle des Lumières. Pourtant, les Haïtiens reprennent ces idéaux pour construire une société sans hiérarchie de race, et leur révolution a pour objectif la réalisation de ces idéaux : ils veulent construire une démocratie où la liberté et la citoyenneté seront les droits de tous, sans exception.

La prise en considération de la révolution haïtienne remet sérieusement en cause les présupposés du récit qui reconnaît au monde européen la seule paternité des idéaux de la démocratie. La révolution haïtienne est restée impensable pour l'Europe, non pas parce qu'elle combattit l'esclavage et le racisme, mais en raison de la manière adoptée pour les combattre. Michel-Rolph Trouillot, un des plus éminents chercheurs haïtiens, analyse avec force les raisons et les conditions de la mise sous silence de cet événement [1]. Soumise à l'ostracisme des nations, « mise en quarantaine et paupérisée », observe Nick Nesbitt [2], la révolution haïtienne disparut comme fait historique marquant. Pour Trouillot, le silence sur la révolution haïtienne s'explique, paradoxalement, par l'importance toute particulière que lui reconnaissent ses contemporains et les générations suivantes. Abo-

---

1. Michel-Rolph TROUILLOT, *Silencing the Past. Power and the Production of History*, Boston, Beacon Press, 1995. Dans cet impressionnant ouvrage, Trouillot analyse avec finesse les formes mutiples de la mise au silence de l'histoire de Haïti.

2. Nick NESBITT, « The Idea of 1804 », *Yale French Studies*, 2005, 107, pp. 6-38, p. 8.

litionnistes et racistes, intellectuels libéraux, économistes, propriétaires d'esclaves, tous utilisent Haïti pour défendre leur position.

La révolution est un prétexte pour parler d'autre chose, par exemple de la nécessité d'abolir l'esclavage ou de celle de renforcer la répression contre les esclaves pour éviter une deuxième révolution [1]. Par la suite, comme le remarque Trouillot, aucun des ouvrages marquants sur «l'âge des révolutions [2]», qu'il soit d'inspiration marxiste ou libérale, ne fait mention de cette révolution. En revanche, le silence sur les aspirations de la révolution haïtienne s'accompagne de récits sur les «crimes, les tortures, et les dévastations» perpétrés par les révolutionnaires haïtiens, qui font de la France la «victime» de la révolution haïtienne [3]. Ainsi le récit se retourne-t-il contre les esclaves révoltés. Le silence n'est pas le résultat d'un complot ou d'un consensus politique : ses racines sont structurelles [4]. Et aujourd'hui Haïti n'évoque plus que misère et corruption, jamais, avec ses contradictions et ses limites, un événement révolutionnaire au siècle des Lumières.

Les historiens français, à l'exception de quelques-uns comme Yves Benot, ne considèrent pas l'impact mondial qu'eut cette révolution ; ils persistent à ignorer l'ouvrage

---

1. TROUILLOT, *op. cit.*, p. 97.
2. Titre d'un ouvrage d'Eric HOBSBAWN, *The Age of Revolutions, 1789-1848*, New York, Vintage Books, 1962 ; trad. fr. *L'Ère des révolutions : 1789-1848*, Paris, Hachette Pluriel, 2002.
3. Christopher L. MILLER, «Forget Haiti : Baron Roger and the New Africa», *Yale French Studies*, The Haiti Issue, 2005, 107, pp. 39-69.
4. *Ibid.*, p. 106.

de C.L.R. James, *Les Jacobins noirs*, pourtant paru dans une des grandes maisons d'édition françaises, Gallimard, ou le *Toussaint Louverture* d'Aimé Césaire. L'Africain-Américain W. E. B. Du Bois, en son temps, les historiens Robin Blackburn, Yves Benot et Marcel Dorigny, plus récemment, mais surtout des chercheurs de langue anglaise comme Srinivas Aravamudan ou Joan Dayan ont insisté sur le rôle central de la révolution haïtienne dans l'abolition du système esclavagiste. La position marginale dans laquelle on cantonne les travaux de ces historiens s'étend bien évidemment aux événements qu'ils mettent en lumière, en justifiant par un soupçon d'instrumentalisation l'indifférence perpétuée à l'égard de ces faits majeurs pour l'histoire de l'humanité. Pour Trouillot, cette indifférence et ce silence sont révélateurs des rapports de pouvoir dans l'écriture de l'histoire. Décider de ce qui relève des archives, de ce qui est source de savoir contribue à définir ce qui est ou n'est pas un sujet de recherche « sérieux[1] ». Il ne s'agit pas d'idéaliser la révolution haïtienne, James, Nesbitt, Césaire, Trouillot, Benot, Dayan, ou Du Bois[2] ne le font d'ailleurs pas. Mais le travail de refondation de ce qui unit, de ce qui est commun doit impérativement intégrer ce qui s'est passé pendant des siècles et a produit les sociétés vivant aujourd'hui dans les

---

1. TROUILLOT, *op. cit.*, p. 99.
2. Srinivas ARAVAMUDAN, *Tropicopolitans. Colonialism and Agency, 1688-1804*, Durham, Duke University Press, 1999 ; Yves BENOT, *La Révolution française et la fin des colonies*, Paris, La Découverte, 1989 ; Aimé CÉSAIRE, *Toussaint Louverture. La Révolution française et le problème colonial*, Paris, Présence africaine, 1962 ; C.L.R. JAMES, *Les Jacobins noirs*, Paris, Gallimard, 1949 ; Joan Dayan, *Haiti, History and the Gods*, Berkeley, University of California Press, 1995.

DOM. Et la manière dont ces sociétés se sont arrangées de relations sociales fortement racialisées doit être considérée comme un terrain « sérieux ».

Revenons à l'argument que suscite l'émergence de la thématique de l'esclavage : faut-il ressasser le passé, l'esclavage ayant été aboli dans les colonies françaises il y a plus de cent cinquante ans, et l'empire colonial s'étant effondré dans la première moitié du XXᵉ siècle, sous les coups des peuples qui aspiraient à l'indépendance ? Deux positions sont possibles : l'agacement face à une rumination forcément délétère, favorisant une idéologie « victimaire » ; la revendication d'un rappel du passé nécessaire pour apaiser la souffrance des victimes. Ces deux positions, irréconciliables, ne sont recevables que si l'on se situe strictement dans la problématique du devoir de mémoire. En revanche, si on libère le débat de son aspect idéologique (républicains contre communautaristes) ou strictement historique (qui a commencé ?), cette histoire n'est plus un pur objet d'archive ni la source d'identités localisées. Il s'agit donc de réintroduire dans le débat des approches qui lui font cruellement défaut, à savoir une anthropologie de ces systèmes, une analyse politique de leurs régimes discursifs et une analyse des traces résiduelles de ce passé, qui sont loin d'être fantasmatiques. Car le retour du passé ne surprend que ceux qui restent sourds et aveugles à la présence de ces faits. Pour des centaines de milliers de Français, la présence de l'esclavage et du colonialisme est patente à travers l'empreinte qu'ils ont laissée dans les domaines de la création, des langues et des cultures créoles, le retard structurel que connaissent toutes les sociétés issues de l'esclavage aujourd'hui départements français d'outre-mer ou bien encore la stigmatisation toujours associée à la couleur « noire ».

La colonisation est tout aussi présente pour les nombreux jeunes Français qui subissent inégalités et discriminations, parce qu'ils sont perçus comme « inassimilables », après que leurs grands-parents et parents furent soumis à des lois d'exception et d'exclusion. Je reviendrai sur les termes de ce débat dans le chapitre 2, en tenant compte des outrances et des simplifications des uns et des autres, mais je rappelle ici, pour mémoire, que l'esclavage est une expérience d'exil. Dans son exil, l'esclave est sommé d'oublier sa langue, ses rituels et ses croyances. Il est interdit de subjectivité. Il devient objet. Sa langue, ses rituels et ses croyances, survivent à l'état de traces et vont agir de manière cryptique sur les cultures créoles qui naissent dans les sociétés esclavagistes. Pour autant, cet exil est irréductible à l'exil qu'ont connu des écrivains, des artistes, des intellectuels au XXe siècle et qui est devenu source d'inspiration littéraire et artistique. L'exil de l'esclavage est une expérience restituée dans les chants (blues, maloya, ségas, etc.) et les rites aux ancêtres (candomble, servis kabare, etc.) : la filiation mise en scène permet de conjurer le sort d'une existence sans racines. Les racines, imaginaires et imaginées, tissent des liens transcontinentaux, par-delà les mers et l'exil, avec des origines. Ce sont des archives de l'expérience de la servitude, trop souvent ignorées par les historiens qui leur préfèrent la solidité des actes de notaires et de police, des discours abolitionnistes, de l'écrit.

Comment revenir sur les questions de fond : quel vocabulaire politique et juridique a autorisé l'esclavage ? A-t-on réellement épuisé leur étude ? Comment prendre en considération ce crime sans visage et sans noms qui n'a connu aucune inscription symbolique ? Il n'y a eu jusqu'à présent aucune reconnaissance nationale de ce que ces personnes ont vécu ; aucun maître, aucun négrier ne fut jamais puni ; le crime a été amnistié, mais sans le consentement des victimes.

Il ne s'agit pas de faire des procès aujourd'hui, mais on est en droit de s'interroger sur la qualification de ce crime. En quoi la traite négrière et l'esclavage sont-ils des crimes contre l'humanité ? Suffit-il d'opposer l'argument que cette notion juridique date de 1945 ? Est-il entièrement illégitime de qualifier de « crimes contre l'humanité » ces deux événements qui ont été fondateurs pour des peuples entiers, en tant qu'ils ont participé à la fondation de leur société ? Cette notion s'applique-t-elle strictement aux crimes commis depuis 1945 ?

La notion d'humanité elle-même mérite qu'on y revienne. Elle est difficile à qualifier juridiquement, mais elle a aussi une histoire coloniale, qui n'est pas sans effet sur les discussions actuelles. Les colonisés se sont d'abord battus pour imposer à leurs colonisateurs leur égalité en tant qu'êtres humains. Le débat public ne pourrait que s'enrichir des apports des théoriciens postcoloniaux, tels Aimé Césaire, Frantz Fanon, Paul Gilroy, Anthony Appiah, Gayatri Spivak, sur ce qui constitue « l'humanité » depuis l'effondrement des empires coloniaux européens, les désillusions des indépendances, ou encore l'émergence de problématiques plus récentes liées aux nouvelles formes d'exploitation ou aux identités culturelles et religieuses.

Finalement, ce débat révèle la présence ambivalente de l'outre-mer dans la République. En France, on parle encore trop souvent de ces territoires de manière réductrice, hésitant entre l'exotisme et l'universalisme abstrait du type « ce sont des terres françaises ». Mais, surtout, on continue à en ignorer les contributions. Ceux qui en sont issus sont soit invisibles, soit trop visibles. On les aime gentils, pleins de charme. On aime leur musique, parfois leurs romanciers, on connaît peu leurs vies. On évoque régulièrement leur attachement à la France et, depuis quelque temps, l'attention toute particulière que la France réserve à leurs besoins et souhaits. Pour les Français cependant, le territoire national « France » reste limité au territoire hexagonal. Cet état de fait tombe sous le sens de toute personne venant des DOM ; il suffit d'observer les médias nationaux, les statistiques, la recherche, le monde politique, etc. Ainsi, *Le Monde*[1], dans une double page sur l'Inde, signale sur un quart de page l'existence d'une diaspora indienne récente établie autour de la gare du Nord, mais ignore superbement l'importante présence hindoue à La Réunion depuis la deuxième moitié du XIXe siècle, et, moindre mais pourtant réelle, aux Antilles.

Quand des intellectuels expliquent que la « communauté antillaise » fait pression pour obtenir la loi Taubira, ils ignorent que c'est toute une pluralité de populations qui se reconnaissent dans cette histoire, tout simplement parce que, sans la traite, l'esclavage et le colonialisme, ils n'habiteraient pas ces territoires. Contester le terme de « descendant

---

1. 18 février 2006, pp. 22-23.

d'esclave », comme le fait Françoise Chandernagor, arguant qu'aucun individu ne peut apporter la preuve qu'il serait descendant direct d'esclave, puisque aussi bien il y a eu « mélange », c'est faire preuve d'une ignorance totale[1]. Pour beaucoup de ces « descendants directs », ce n'est pas une simple question de sang et de généalogie, mais de fidélité à une histoire et à une culture. Pour eux, revendiquer cette descendance, c'est pouvoir rappeler l'origine, le déplacement et la déportation. Rien n'effacera cet acte fondateur. Aimé Césaire le soulignait : il ne peut ignorer ce qui a amené ses ancêtres en Martinique. Ils n'ont pas décidé un jour en toute liberté de quitter leur pays en Afrique pour aller s'établir sur cette île ; ils ont été capturés, achetés, jetés dans des cales de bateaux, vendus et asservis à un régime brutal de travail sur des plantations. Bien entendu, il y a eu « mélange », ce n'est pas à ce niveau que les Guadeloupéens, les Guyanais, les Martiniquais et les Réunionnais revendiquent l'histoire de la traite et de l'esclavage. Que certains groupes le fassent ne doit pas masquer le fait essentiel : la France a pratiqué la traite négrière et l'esclavage pendant plusieurs siècles, et il existe aujourd'hui des citoyens français dont les ancêtres furent esclaves, engagés[2] ou colonisés. Aussi portent-ils en eux

---

1. Françoise CHANDERNAGOR, « Laissons les historiens faire leur métier ! », *L'Histoire*, février 2006, 306, pp. 77-85, p. 82.

2. Après l'abolition de l'esclavage, la France est allée chercher des travailleurs « engagés » dans le sud de Inde, de la Chine et, toujours, dans quelques pays africains ; ils s'engageaient par contrat à travailler cinq ans sur les plantations, après quoi il pouvaient retourner dans leur pays respectif. Cet accord fut très rarement respecté, et les conditions de vie et de travail des engagés étaient proches de celles des esclaves.

une histoire singulière qui interroge le récit universaliste abstrait. Revendiquer cette histoire n'est pas faire preuve de « communautarisme », mais au contraire faire preuve de réalisme. Il est faux de dire qu'ils cherchent à sacraliser la mémoire des descendants d'esclaves ; en vérité, ils cherchent à donner droit de cité à une histoire qui est une part centrale de l'histoire de la France.

Une remarque s'impose sur le « communautarisme » : c'est aux colonies que s'est créée une des premières organisations communautaristes. Le *communautarisme colonial* était puissant. Les Blancs ne se mélangeaient pas : ils avaient leurs clubs, leurs églises, leurs bals, leurs lieux de villégiature, se mariaient entre eux, etc. Ceux qui transgressaient les frontières communautaires étaient punis, exclus de la communauté. Il suffit de lire l'immense littérature coloniale, en français, en anglais, en hollandais, en espagnol, pour voir à l'œuvre la petitesse, le repli sur soi, l'enfermement du communautarisme colonial blanc et les punitions infligées à celles et ceux qui les franchissaient. Cette organisation propre au monde colonial opère aujourd'hui un retour en Europe. Étudier ses racines dans la structuration du monde colonial, observer la mutation de ses formes nous apprendrait beaucoup sur la façon dont se crée le communautarisme.

Pour nombre de Français, l'esclavage est fixé dans le passé : il appartient à un ordre temporel révolu, et il suffit de décrire les procédés rationnels selon lesquels il

---

Nombre d'entre eux restèrent sur les terres où ils avaient été envoyés, ce qui explique la présence hindoue et chinoise dans les colonies françaises des Amériques et de l'océan Indien.

s'organisait. Mais, comme le fait remarquer parmi tant d'autres, le philosophe Jacky Dahomay, c'est la « modernité qui institue l'esclavage dans les colonies » et non pas un système antique. Ce point n'est toujours pas compris en France. Je l'ai déjà dit ailleurs[1] et je le répète ici, l'esclavage colonial se distingue de l'esclavage antique : il n'appartient pas au monde pré-moderne. La figure de l'esclave, grande absente de la philosophie politique actuelle, a contribué à construire la figure du citoyen libre, doué de raison, jouissant de droits naturels imprescriptibles et propriétaire de son corps. À l'heure de l'abolition en 1848, il est question à la fois d'accorder des droits naturels, associés à l'idée d'humanité, à un groupe qui a été privé de droits et de décider si ce groupe récemment intégré à l'humanité peut aussi intégrer le *démos*. Les abolitionnistes résolvent cette tension en opérant à la fois une inclusion et une exclusion : inclusion dans l'humanité, exclusion du *démos* français.

MÉMOIRE ET HISTOIRE VIVANTES

Pour les populations issues de l'esclavage, cette histoire est une histoire vivante, inscrite à la fois dans une langue, le créole, une toponymie des lieux, des rites d'ancestralité, mais aussi dans la relation chargée d'affects négatifs ou ambivalents que ces sociétés entretiennent avec la « métropole », et enfin dans les retards structurels considérables qu'elles connaissent. Comme de nombreux anthropologues l'ont

---

1. *Abolir l'esclavage : une utopie coloniale*, Albin Michel, 2001.

souligné, les « traces sociales et culturelles de l'esclavage continuent de marquer les conduites[1] ». Dans ce cas, la mémoire est un processus dynamique, « permettant de repérer des constantes et des invariants socioculturels[2] ». Nul ne saurait parler de la traite et de l'esclavage sans partir de la situation présente, c'est-à-dire non pas d'une « communauté antillaise » qui ferait chantage sur la République, mais de toute la diversité des populations des DOM. Les veillées, dont le rituel est au centre de la vie sociale, donnent l'occasion de se remémorer collectivement une généalogie, de reconnaître l'ancêtre, dont le nom s'est transmis alors même que le monde alentour leur refusait une ancestralité. Méconnaître ces sociétés, tout en s'arrogeant le droit de se prononcer sur la légitimité d'une loi, d'une commémoration, d'une demande, c'est faire preuve d'une étrange indifférence. Le débat qu'elles ont contribué à développer révèle un paysage politique et mémoriel nouveau. Plutôt que de se lamenter, on peut essayer de comprendre comment on en est arrivé là afin de pouvoir imaginer des solutions. Ce travail, multiple, participe du processus démocratique : il s'agit de rendre visible l'emboîtement des faits qui conduisent à l'établissement d'un système d'exclusion et d'exception ; de revenir sur la place de la mémoire dans le débat politique aujourd'hui, sur la place iconique de la Shoah pour beaucoup, de revenir sur l'histoire de la traite négrière, de l'esclavage et de leurs abolitions, sur les expressions culturelles qui en

---

1. Francis AFFERGAN, *Martinique, les identités remarquables*, Paris, PUF, 2006, p. 11.
2. *Ibid.*, p. 11.

découlent, ainsi que leurs conséquences idéologiques, économiques et politiques. Cela ne concerne pas les « Noirs »
ou simplement les descendants d'esclaves, mais bien tous
les citoyens.

II.

Esclavage, mémoire, écriture de l'histoire

> Méfiez-vous des Blancs, habitants du rivage
> Évariste Parny, *Chants madécasses*, 1808 [1]

> Je tente de voir comment un peuple absorbe et rejette les informations touchant à une chose aussi impossible à assimiler et à intégrer que l'esclavage. C'est une chose sans précédent dans l'histoire de l'humanité si l'on considère la durée, la nature et la spécificité de son caractère destructeur.
>
> Toni Morrison [2]

Pendant plusieurs années, la mobilisation autour de la mémoire de l'esclavage est passée inaperçue aux yeux de l'opinion française. Dans un premier temps, seules les associations ou organisations qui ont pour but de combattre le racisme, celles qui se veulent sensibles à l'injustice et à la parole des victimes, ont relayé cette mobilisation. Mais, au cours de l'année 2005, les médias ont découvert la « question noire », la « mémoire coloniale » et les controverses qui se greffent autour de ces thèmes. Dossiers,

---

1. *Œuvres de Parny*, Paris, Chez Debray, 1808.
2. Danille TAYLOR-GUTHRIE, *Conversations with Toni Morrison*, Jackson, University Press of Mississippi, 1994, p. 235.

émissions, articles sont alors consacrés aux « mémoires qui agitent la France multicolore[1] », aux « pages d'histoire occultées[2] ». Le collectif « Devoirs de mémoires » prône une démarche qui, « loin d'être une autocongratulation particulariste ou communautariste », se donne pour but de « transmettre des savoirs par l'action, la culture et l'enseignement[3] ». Mais, parallèlement à ces marques d'intérêt, une inquiétude s'exprime assez rapidement : elle trouve une première formulation dans « Le débat sur le passé colonial est-il en train de déraper ? »[4], pour aboutir, fin 2005, à l'article : « Les historiens pris sous le feu des mémoires »[5]. Les historiens disent se sentir épiés, l'un deux évoque même un « climat de terreur physique ». Les débats sur la mémoire les « exaspèrent ». Ils se plaignent de ce que leur liberté d'expression « se réduise comme peau de chagrin », alors même qu'ils auraient contre eux « la Toile » où elle « est sans limites ».

C'est l'expression de cette inquiétude que je voudrais analyser dans ce chapitre, ainsi que l'opposition entre mémoire et histoire, en prenant en considération ce média qu'est Internet. Le débat est pris en otage entre raison et émotion – mais est-ce vraiment un débat ? La violence remplace souvent la discussion, et l'écoute attentive est

---

1. Philippe BERNARD, *Le Monde*, 17 avril 2005.
2. Titre d'un *Manière de voir*, août-septembre 2005, p. 82.
3. Collectif Devoirs de mémoires, « Manuels sans mémoire », *Libération*, 6 mai 2005, p. 35.
4. « Le débat sur le passé colonial est-il en train de déraper ? », *Télérama*, 2886, 4 mai 2005.
5. Jean-Baptiste DE MONTVALLON, « Les historiens pris sous le feu des mémoires », *Le Monde*, 1er décembre 2005, pp. 1-16.

la vertu la moins répandue. C'est assez surprenant chez ceux qui invoquent l'héritage des Lumières, où un Abbé Grégoire suggérait un exercice de morale simple, accessible à tous, et qui se résume dans la formule : « Mets-toi à sa place ». Au siècle des Lumières, l'Abbé Grégoire suggère le scénario suivant :

> Mais si les Nègres, brisant leurs fers, venaient (ce qu'à Dieu ne plaise) sur les côtes européennes arracher des Blancs des deux sexes à leur famille, les enchaîner, les conduire en Afrique, les marquer au fer rouge ; si ces Blancs volés, vendus, achetés par le crime, placés sous la surveillance de « géreurs » impitoyables étaient sans relâche forcés, à coup de fouet, au travail sous un climat funeste à leur santé, où ils n'auraient pas d'autre consolation, à la fin de chaque jour, que d'avoir fait un pas de plus vers le tombeau... Si, blasphémant la Divinité, les Noirs prétendaient faire intervenir le Ciel pour prêcher aux Blancs l'obéissance passive et la résignation ; si des pamphlétaires cupides et gagés imprimaient que l'on exerce contre les Blancs révoltés, rebelles, de justes représailles et que, d'ailleurs, les esclaves blancs sont plus heureux que les paysans au sein de l'Afrique... Quel cri d'horreur retentirait dans nos contrées [1] !

Aujourd'hui, l'effort d'imagination pourrait porter sur l'exercice suivant :

> Imaginez que vous naissez « Noir » sur une île qui fut une colonie française et qui est aujourd'hui département français. Vous allez à l'école, où la langue que vous parlez à la maison, tous les jours, n'est jamais évoquée, ni les raisons de votre présence sur cette île. Vos ancêtres y sont-ils venus par

---

1. ABBÉ GRÉGOIRE, *De la traite et de l'esclavage des Noirs* (1815), Paris, Arléa, 2005, p. 18.

choix ? Et pourquoi sur cette île ? Vous notez l'existence de traces d'un système dont on parle peu : des grandes maisons de plantations, des noms, des expressions où le « nègre » semble occuper une place négative. Mais vous êtes citoyen français, et vous vous sentez protégé par l'universalisme du discours républicain. Vous partez en France pour faire vos études et là, vous devenez « noir » et ces appellations signifient autre chose que sur votre île. Vous découvrez pourquoi vous êtes nés citoyen français sur cette île : vos ancêtres y furent amenés comme esclaves. Mais cette histoire reste floue, vague. N'auriez-vous pas le désir que cette histoire soit versée comme chapitre à l'histoire du pays dont vous êtes citoyen ?

La pratique de la parole se trouve au centre de la démocratie, dont elle est l'un des principes fondateurs : seule l'égalité de la parole permet l'expression d'un désaccord qui s'exprime comme un moyen en vue d'une même fin, à savoir dégager le bien commun. Or, ce qui frappe chez ceux qui s'indignent ou s'inquiètent des prises de paroles des « descendants d'esclaves », c'est leur manque d'empathie. Se sont-ils demandé ce que cela signifie que d'être né dans une société issue de l'esclavage, que d'être né « noir » dans une société qui assimile cette couleur à l'histoire d'un asservissement ? Parlent-ils avec ces gens, les invitent-ils à leur table ? Les recommandations de l'Abbé Grégoire sont loin.

Des historiens et des journalistes entretiennent une division qu'ils ont créée, entre mémoire et histoire ; ils associent la première aux peuples et groupes issus de l'esclavage, et la définissent comme subjective et instrumentalisée par l'idéologie victimaire ; quant à la seconde, qu'ils considèrent comme scientifique et raisonnable, ils la réservent aux chercheurs. À leurs yeux, l'histoire offre des références scientifiques, interroge les certitudes, les raccourcis, les simplifications. En revanche, ils s'inquiètent du rôle pris par la mémoire « communautaire », qui serait toujours et nécessairement soumise à des reconstructions, des révisions, ouverte aux manipulations, aux excès, aux abus. Mémoire et histoire ne feraient pas bon ménage, particulièrement à notre époque où les identités communautaristes chercheraient à imposer des mémoires privatisées, ethnicisées. On pourrait à juste titre leur opposer les travaux sur la mémoire et l'histoire culturelle qui ont tant marqué l'opinion, mais ils ne semblent pas s'appliquer à cette mémoire-là. Ainsi, Pierre Nora, revenant sur le grand chantier des *Lieux de mémoire*, dénonce les mésusages qui en ont découlé :

> Elle [la mémoire] est devenue un phénomène quasi religieux qui fait du témoin une manière de prêtre... On est passé d'une mémoire modeste, qui ne demandait qu'à se faire reconnaître, à une mémoire prête à s'imposer par tous les moyens. J'avais autrefois évoqué une « tyrannie de la mémoire » ; il faudrait aujourd'hui parler de son terrorisme [1].

Lors d'une émission sur France-Culture, « Répliques », animée par Alain Finkielkraut, et au cours de laquelle il dialoguait avec Gilles Manceron, Pierre Nora précise sa pensée : « La France va connaître un problème noir. Nous devons être vigilants. Nous héritons d'un impensé colonial qui démarre très fort [2]. » Il ajoute que ce qu'il redoute, c'est « l'hégémonie, l'empire de la mémoire », alors que ce qu'il souhaite c'est que « nous défendions tous le bien public. »

1. « La France est malade de sa mémoire », art. cité, p. 26.
2. 17 mars 2006.

D'une part, Pierre Nora reconnaît l'existence d'un impensé colonial et formule le souhait, que je partage, de travailler au bien commun ; mais, d'autre part, il émet une crainte, et cette crainte vise l'hégémonie de la mémoire, mais laquelle ? Quelles sont ces mémoires qui menacent le bien public ? Sont-elles issues de cet impensé colonial ? Pourquoi parle-t-on de multiculturalité aujourd'hui ? Les immigrations successives de pays européens vers la France n'auraient pas fait d'elle une société multiculturelle, contrairement à l'arrivée de groupes issus du monde post-esclavagiste ou post-colonial ? Tant qu'ils vivaient sur leur territoire, même si celui-ci est français, ces derniers n'affectaient pas la société française. La France deviendrait multiculturelle quand les enfants de ces immigrés s'expriment et exigent d'être reconnus comme pleinement français, la présence de leurs pères et de leurs mères, arrivés par milliers dans les années 1960, ne l'ayant pas changée. Qu'est-ce donc que la « multiculturalité » ? Qu'est-ce qu'être « français » ? C'est ce qui est débattu en ce moment.

Je souhaite que le débat s'apaise et devienne plus constructif, mais je cherche à comprendre pourquoi le terrain est si violent, si conflictuel. Nous sommes en France au début d'une réécriture de ces événements ; les sociétés issues de l'esclavage sont longtemps restées publiquement silencieuses, mais silence ne veut pas dire oubli. Tout au plus peut-on parler de latence. Il ne faut pas avoir peur de cette émergence, mais combattre les excès et soutenir toutes les initiatives de recherche, multiplier les débats, créer un tronc incontournable de faits et de dates que chacun devra connaître. Le culte de la mémoire entraîne la rumination et l'exacerbation de la détresse, l'étude croisée de mémoires en conflit ouvre une voie plus fertile.

En Europe, l'esclavage colonial a d'abord été le sujet d'un débat théologique. La fraternité partagée par tous les êtres humains devant Dieu constitue une condamnation de l'esclavage, ou alors elle justifie l'asservissement de tous, et pas d'une seule race. C'est ce que défend, dans un mémoire publié en 1742, Jacobus Elisa Joannes Capiteijn, un ancien esclave d'Afrique de l'Est devenu libre et poursuivant des études à l'université de Leyde. Il écrit que, si le christianisme et l'esclavage ne sont pas incompatibles, les Européens doivent par conséquent être réduits en esclavage autant que les Africains. Sa proposition porte en creux une dénonciation de la racialisation de l'esclavage : pourquoi l'Afrique serait-elle le seul continent ressource ? Plus généralement, les écrits sur l'esclavage font appel aux sources bibliques où les partisans de l'esclavage comme ses adversaires puisent leurs arguments. Saint Paul n'a-t-il pas déclaré que tous les humains sont les enfants d'un même Dieu ?, disent les uns. Mais, rétorquent les autres, et ce dès le IVe siècle, la malédiction de Cham (appelé aussi Canaan) ne justifie-t-elle pas l'esclavage des Africains[1] ? C'est en faisant appel

---

1. Dans la Bible, Cham est le plus jeune fils de Noé. Ce dernier s'étant enivré se dénude dans sa tente. Cham voit la nudité de son père que ses frères recouvrent d'un manteau en détournant les yeux. Noé maudit alors Cham, parce qu'il l'a vu nu : « Qu'il soit pour ses frères le dernier des esclaves. » Bien que dans la suite du texte, rien n'indique une couleur de peau particulière, la tradition chrétienne va affirmer que les descendants de Cham auraient habité l'Afrique et seraient devenus des Noirs, poursuivis par la malédiction de leur ancêtre. « Cette nation porte sur le visage une malédiction temporelle, et est héritière de Cham,

à l'autorité suprême de Dieu que l'Europe développe une doctrine anti-esclavagiste ; l'effort des opposants à l'esclavage porte alors sur la contradiction entre esclavage et christianisme. Entendre « "Mon frère, tu es mon esclave" est une absurdité dans la bouche d'un chrétien », proclame Jean-François Marmontel en 1777. Cela se comprend, l'Europe est chrétienne. Cela ne s'oublie pas, ni ne s'efface. Même les révolutions ne détruiront pas ces idées : elles les séculariseront, les adapteront. L'abolitionnisme, qu'il soit européen ou américain, aura explicitement des racines religieuses. Sans doute la tonalité chrétienne des écrits sur l'esclavage a-t-elle si fortement marqué le débat européen qu'elle contribue à rendre inaudibles les autres voix anti-esclavagistes. Est-ce pour cela que les historiens européens, pour leur grande part, restent centrés sur l'histoire de l'abolition de l'esclavage, ses archives, ses images et ses idéaux, mais restent insensibles aux archives, images et idéaux venant du monde des esclaves ? Plus exactement, ces sources religieuses n'expliquent-elles pas que l'on parle plutôt de l'esclavage et de son abolition, et jamais, ou très rarement des esclaves eux-mêmes ? Le débat concernerait l'Europe et sa conscience et si peu les esclaves... L'incompréhension devant les paroles des descendants d'esclaves se comprend alors aisément. Et on trouve aussitôt mille raisons de douter de leur parole, et de revenir à l'abolition. L'Europe pouvait-elle asservir ? en avait-elle le droit ? Cette question, elle se la pose à elle-même, sans en débattre avec les esclaves.

---

dont elle est descendue ; ainsi elle est née à l'esclavage de père en fils et à la servitude éternelle », lit-on dans la Genèse, mais encore une fois, rien n'indique la couleur de peau de ce peuple.

Pour elle, les abolitionnistes sont les seuls acteurs de cette histoire dans laquelle les esclaves jouent un rôle secondaire, en arrière-plan, dans la foule, indistincts les uns des autres. C'est l'abolitionniste que l'on voit, que l'on entend et que l'on lit, l'esclave, s'il parle, ne fait qu'illustrer la parole de l'abolitionniste.

Ce sont pourtant les esclaves qui, avant même les Européens, développent les premiers une pratique et un discours anti-esclavagistes. Ce sont eux les premiers abolitionnistes : eux qui refusèrent la capture, l'asservissement et la privation de liberté. L'étude des traditions orales en Afrique, puis dans les sociétés esclavagistes, révèle la multiplicité des formes de résistance, qui commencent dès la capture ; et les révoltes contre les négriers africains et leurs collaborateurs sont fréquentes. La tradition orale, au Rio Pongo, a gardé le souvenir de « Sagnan Soussota [la cité Soussou de Sagnan] dont les moyens occultes ont interdit toute capture ou razzia dans leur cité[1] ». « Tout fugitif qui parvenait à entrer dans cette ville devenait *de facto* un homme libre après un rituel occulte dit de réappropriation de sa dignité humaine[2]. » Le rituel témoigne à quel point les Africains avaient compris que l'asservissement prive l'être humain de sa dignité et qu'il est par conséquent nécessaire de mettre en scène une réappropriation de soi. Évocations de rois qui

---

1. Mamadou CAMARA LEFLOCHE, « Traditions orales, traitement occulte et domptage de l'esclave au Rio Pongo », in *Tradition orale et archives de la traite négrière*, Paris, Unesco, 2001, pp. 33-46, p. 39. Voir aussi Sudel FUMA (éd.), *Mémoire orale de l'esclavage dans les îles du Sud-Ouest de l'océan Indien : silences, oublis, reconnaissance*, Saint-Denis, La Réunion/Paris, Université de La Réunion, Unesco, 2006.

2. *Ibid.*, p. 39.

ont assis leur pouvoir sur la traite, guerres de prédation, ruses des captifs pour échapper aux marches forcées, etc., le travail sur les traditions orales fait apparaître tout un monde de pensées, de discours et de représentations. Ces sources sur la capture, la razzia racontent les complicités, la cruauté, les transformations de ce commerce. L'économie de prédation qui s'installe structure un monde de peur et d'effroi. Chacun peut, à tout moment, être saisi, enchaîné et déporté. Les ruses inventées pour déjouer la capture – que ce soit la magie, la résistance, la fuite ou le suicide – laissent deviner la terreur dans laquelle vivaient les groupes dans les régions soumises à la prédation. La peur entraîne la destruction des liens sociaux : on vend son voisin pour se protéger de la capture. Quand la demande devient trop forte et que la razzia ne suffit plus à fournir assez d'esclaves, les marchands font pression sur les groupes et les peuples. Sur les hauts plateaux de Madagascar, les familles dont un membre a été capturé capturent quelqu'un à leur tour, pour le donner en monnaie d'échange aux marchands[1]. Les villages sont obligés de se replier sur eux-mêmes, et les parents apprennent aux enfants à ne pas s'éloigner et à se méfier des étrangers. Une jeune esclave domestique de l'île Maurice raconta sa capture à son maître, Eugène de Froberville :

> Nos parents nous avaient dit de nous méfier des Blancs ou de tout autre étranger. Je jouais avec d'autres enfants quand nous vîmes des voyageurs s'avancer vers nous. Nous nous sommes enfuis, mais les voyant s'éloigner, nous nous

---

1. Pier M. LARSON, *History and Memory in the Age of Enslavement. Becoming Merina in Highland Madagascar, 1770-1822*, Oxford, James Currey, 2000, p. 102.

sommes approchés d'un sac qu'ils avaient laissé derrière eux. À notre grande joie, nous découvrîmes qu'il contenait du sel, si précieux et si bon. Alors que nous le partagions entre nous, ils revinrent et nous capturèrent et nous emmenèrent [1].

Nous disposons aussi de traditions qui décrivent le changement de pratique que, pour répondre à la demande des Européens, certains peuples comme les Aboh, les Vai, les Duala ont adopté : traditionnellement, ils tuaient les hommes faits prisonniers et emmenaient femmes et enfants en esclavage ; or, pour répondre à l'exigence européenne, ils se mettent à capturer les hommes et cessent de capturer femmes et enfants, avant de revenir à cette pratique quand la demande européenne se tarit [2].

Apprendre qu'une tradition orale fait mention de captifs qui participaient eux-mêmes à leur propre vente en encourageant des acheteurs potentiels à les acheter éclaire d'une façon nouvelle cette étape de l'itinéraire de l'esclave. La tradition nous rappelle les conditions de la caravane : des esclaves, chacun déjà dans les fers sont enchaînés par dix ou douze ; un lien métallique ou en cuir découpé sur des peaux d'animaux les relient solidement les uns aux autres par le poignet ou la cheville. Ils vont toujours ainsi, qu'ils soient au repos ou en marche, mal nourris et souvent écrasés de fardeaux... Être acheté et avoir ainsi la possibilité de

---

1. Nicolas MAYEUR, « Voyage à la côte de l'ouest de Madagascar (pays des Séclaves) par Mayeur (1774) rédigé par Barthélemy Huet de Froberville », *Bulletin de l'Académie malgache*, 1912, 10, pp. 79-83.
2. Ismaël BARRY, « Le Fuuta-Jaloo (Guinée) et la traite négrière atlantique dans les traditions orales », in *Tradition orale et archives de la traite négrière*, Paris, Unesco, 2001, pp. 47-69.

quitter la caravane était alors vécu par l'esclave comme une délivrance[1].

Les Africains avaient développé leurs propres discours sur la servitude et la liberté, sur la dignité et la mort sociale, et ils emportèrent ces savoirs avec eux sur les nouvelles terres d'asservissement. La servitude dans les plantations ne correspondait à rien de ce qu'ils connaissaient. Les contradictions entre les systèmes de servitude dont ils avaient l'expérience et celui qu'ils découvraient sur les nouveaux territoires où on les avait déportés les poussaient au suicide, à la révolte et à la fuite[2]. Patterson, Larson et les historiens qui ont élaboré le programme « La route de l'esclave » à l'Unesco ont tous souligné les différences, à la fois dans le temps et dans l'espace, entre les deux formes de servitude. Il ne s'agit pas ici de distinguer une forme « douce » et une forme « dure » d'esclavage, mais d'analyser la tendance des Européens à mettre toutes les formes d'esclavage sur le même plan.

Larson et avec lui tous les chercheurs qui travaillent sur ces questions le confirment : l'archive orale constitue un immense réservoir, et il est impossible d'étudier la traite et l'esclavage en excluant cette source ; pourtant l'historiographie classique l'ignore le plus souvent. Or, l'écriture de

---

1. *Ibid.*, p. 64.
2. Voir *L'Esclavage à Madagascar. Aspects historiques et résurgences contemporaines*, Actes du colloque international sur l'esclavage, Antananarivo, 24-28 septembre 1996 ; Edward ALPERS, Gwyn CAMPBELL et Michael SALMAN, *Slavery and Resistance in Africa and Asia*, Londres, Routledge, 2005 ; LARSON, *op. cit.* ; Megan VAUGHAN, *Creating the Creole Island. Slavery in Eighteenth-Century Mauritius*, Durham, Duke University Press, 2005.

l'histoire exige de prendre en compte ces récits, tout en adoptant une position critique vis-à-vis de leur fiabilité.

Il ne faut donc pas surévaluer l'archive européenne, mais lui donner sa juste place, c'est-à-dire une place parmi d'autres, à côté des chants, des rituels, des langues qui transmettent jusqu'à aujourd'hui le souvenir des événements, révoltes, camps ou royaumes de marrons, qu'ils ont transformés en épopées : que ce soit la première révolte dont on ait conservé la trace (1521), l'état de guerre permanent dont la Jamaïque est le théâtre jusqu'en 1740 ou les troubles que le Brésil connaît jusqu'au XIXe siècle (le soulèvement des esclaves d'origine haoussa en 1835[1]). Les chants, les rituels aux ancêtres, les langues portent en eux un savoir historique sur la traite et l'esclavage.

Il y a aussi les textes (déclarations et discours) des esclaves une fois amenés dans les colonies européennes. Aux États-Unis, dans le Connecticut, des esclaves écrivent en 1779 : « La raison et la Révélation se joignent pour déclarer que nous sommes les créatures de ce Dieu qui a fait d'un seul sang et d'une seule parenté toutes les nations de la terre[2]. » Les textes de la Révolution haïtienne, la déclaration de Delgrès, les lettres, les romans, les poèmes constituent autant d'archives sur la pensée politique développée par les esclaves. Mais qui les étudie en dehors des spécialistes ? Qui connaît la culture et l'histoire des populations françaises issues de l'esclavage ?

---

1. Christian DELACAMPAGNE, *Histoire de l'esclavage, de l'Antiquité à nos jours*, Paris, Le livre de poche-Histoire, 2002, p. 184.
2. Cité par Reynolds MICHEL, dans « L'Église et l'esclavage », *Esclavage et colonisation*, CCT, Île de La Réunion, 1998, pp. 13-39.

La catégorie « esclave », la notion d'esclavage font croire que l'on sait de quoi on parle : on sait que « c'est mal ». Cela reste impensé, impensable. La métaphore hégélienne a considérablement appauvri la réflexion : elle a contribué à faire du maître et de l'esclave deux figures abstraites réduites à un affrontement mortel. Que sait-on de la conscience de l'esclave ? Seul l'accès à la multiplicité des sources et des textes peut renouveler une écriture aujourd'hui sclérosée. De nombreuses archives privées restent à découvrir, mais l'archive est un document géré par l'État, organisé en catégories formalisées. Ne doit-on pas s'ouvrir aux autres archives ?

L'ÉCRITURE DU RÉCIT ABOLITIONNISTE

Comme on l'a vu, le récit abolitionniste dans sa forme la plus connue, celle qui va dominer le monde européen et américain au XIXe siècle, s'inspire fortement du discours chrétien. Bartolomé de las Casas en 1550, Fernao de Oliveira en 1554, Domingo de Soto en 1557 avaient développé des arguments anti-esclavagistes reposant sur le caractère immoral de l'asservissement. Un être humain ne saurait asservir un autre être humain, tous deux partageant la même humanité [1]. L'argument religieux prend forme dès le XVIe siècle : ceux qui possèdent des esclaves seront condamnés

---

1. Bartolomé DE LAS CASAS, *Histoire des Indes* (1550) ; Fernao DE OLIVEIRA, *Art de la guerre sur mer* (1554) ; Domingo DE SOTO, *Traité de la justice et du droit* (1557), cités dans DELACAMPAGNE, *op. cit.*, p. 191.

à la damnation éternelle, déclare le dominicain espagnol Martin de Ledesma. Ces arguments n'ont cependant pas d'écho. Il faut attendre le XVIIIᵉ siècle. Dans son pamphlet *On the Law of Nature and Principal Action in Man* (1776), l'abolitionniste anglais Granville Sharp donne à la cause anti-esclavagiste deux de ses principaux arguments [1]. L'homme doit obéir à Dieu afin de déterminer l'attitude la plus conforme à la raison. Toute transgression de cette loi entraîne un châtiment divin. Faute de se plier à la règle commune, les propriétaires d'esclaves attirent sur eux la colère divine, car nul ne saurait posséder d'êtres humains sans empiéter sur les privilèges divins [2].

Les Lumières et leur formidable renversement des idées vont condamner l'esclavage en termes parfois très fermes ; mais, pour beaucoup, l'esclave lui-même reste lointain. Bernardin de Saint-Pierre, le poète réunionnais Évariste Parny, l'Abbé Grégoire et quelques autres, essayent de faire entendre ces voix, mais elles demeurent des murmures à peine audibles. Peu de récits prennent en compte la voix des

---

1. Voir Granville SHARP, *The Law of Liberty or Royal Law by Which All Mankind Will Certainly Be Judged* (1776).

2. Voir Chrisrine BOLT et Seymour DRESCHER (éd.), *Anti-Slavery, Religion and Reform*, 1980 ; David BRION DAVIS, *The Problem of Slavery in Western Culture*, New York, 1966 ; Betty FLADELAND, *Abolitionists and Working-Class Problems in the Age of Industrialization*, Londres, MacMillan, 1984 ; Edith F. HURWITZ, *Politics and Public Conscience. Slave Emancipation and the Abolitionist Movement in Britain*, Londres, George Allen & Unwin Ltd., 1973 ; Howard TEMPERLEY, *British Anti-Slavery, 1833-1870*, Londres, Longman, 1972 ; David TURLEY, *The Culture of English Anti-Slavery, 1780-1860*, Londres, 1991 ; James WALVIN (éd.), *Slavery and British Society 1776-1846*, Londres, 1982.

esclaves, leurs paroles. L'écriture de l'histoire de l'esclavage est encadrée par le vocabulaire de la morale ; l'histoire s'y ajoute pour en montrer les mécanismes et les récits, mais l'anthropologie, l'étude des systèmes d'asservissement restent marginales. L'héritage de cette approche pèse encore.

LES RAISONS D'UN RETARD

Le débat actuel a notamment pour enjeu d'expliquer les raisons du surgissement tardif de ces questions. Mais qu'on l'attribue à l'amnésie, à l'occultation, au caractère sélectif de la mémoire, ou à la volonté d'oublier, dans tous les cas, les raisons de ce retard sont devenues l'objet de polémiques.

Pour analyser les enjeux de la mémoire et de leur traduction dans l'espace public et dans le récit national, il faut aborder plusieurs aspects qui, s'ils se recoupent, ne se réduisent pas les uns aux autres, à commencer par la manière dont la mémoire de la traite négrière et de l'esclavage s'est construite dans les colonies françaises[1]. Comment s'est-elle transmise ? Qui l'a transmise ? Qui prétend la détenir ? Sur quelles représentations s'appuient-elles ? Quel est le vocabulaire utilisé ? Quels problèmes conceptuels et pratiques sont mis en lumière par ce débat ? Pourquoi et comment s'est-il engagé ? Quelles sont les réponses qui ont été apportées aux questions soulevées plus haut ? Pourquoi

---

1. Cette partie du chapitre s'appuie sur un article intitulé « Les troubles de mémoire. Esclavage, citoyenneté, écriture de l'histoire », publié dans les *Cahiers d'études africaines*, décembre 2005, pp. 179-180.

et comment la « mémoire » plutôt que l'histoire a-t-elle été investie d'une telle importance ? Pourquoi, en France, a-t-on surtout célébré la mémoire de l'abolition (et depuis quelque temps, surtout à Nantes, celle de la traite négrière), mais très rarement celle de l'esclavage ?

Ces aspects exigent un travail de réflexion minutieux qui prenne en compte les différentes historicités, les territorialisations des mémoires et des enjeux, et le rôle iconique joué par la destruction des juifs d'Europe dans toute réflexion contemporaine sur la mémoire.

LE SOUVENIR DE L'ESCLAVAGE

Traite et esclavage n'ont jamais suscité de débats importants au sein de la population française et ne sont jamais devenus de grands sujets de société comme ce fut le cas en Angleterre ou aux États-Unis ; tout au plus ont-ils été des thèmes de réflexion et de polémique pour les philosophes des Lumières. Quant aux abolitionnistes, leur lutte fut loin d'être de tout repos. Accusés d'être des agents de l'étranger, de vouloir ruiner l'économie nationale ou encore d'encourager la paresse, les abolitionnistes eurent à « lutter sans relâche contre la virulence des passions les plus exaspérées comme les plus viles [1] ».

Le récit national français, tel qu'il a été construit sous la Troisième République et qui continue à structurer le récit

---

1. Victor Schoelcher en 1826, cité par Aimé CÉSAIRE, in « Discours d'inauguration de la place de l'Abbé Grégoire », in Abbé Grégoire, *op. cit.*, p. 25.

contemporain, a cherché à marginaliser, voire à effacer les chapitres sombres de l'histoire. Ses auteurs avaient le pouvoir de le faire, et aucun descendant d'esclave n'avait alors la légitimité pour les contester. Ce récit oublieux devint vérité historique, et les contre-récits restèrent largement inconnus, à quelques exceptions près. Ainsi Aimé Césaire raconte-t-il sa difficulté à trouver les documents nécessaires pour écrire son ouvrage sur Toussaint Louverture. Aucun des livres sur la Révolution française ne fait alors allusion à ce dirigeant haïtien, aucun ne lui reconnaît une place dans l'histoire révolutionnaire. Ni le tricentenaire du Code noir en 1985 ni le bicentenaire de la Révolution française en 1989 ne réussissent à redonner leur rôle à la traite et à l'esclavage dans la constitution de la pensée européenne. Il faut attendre que des groupes issus de cette histoire aient acquis suffisamment de pouvoir médiatique pour que ces questions surgissent dans l'espace public. Il s'y ajoute d'autres facteurs : une sensibilité inédite aux récits des victimes dans l'histoire, une plus grande attention aux enjeux de la mémoire, une nouvelle génération de chercheurs.

Il reste cependant à interpréter l'oubli : s'agit-il d'une volonté d'occulter ? Renvoie-t-il à une incapacité à penser l'exploitation la plus brutale d'êtres humains par d'autres êtres humains ? Ou alors faut-il revenir sur la relation ambiguë, entre indifférence et irritation, que la France entretient avec son outre-mer ? Le retard est plutôt le symptôme d'un point aveugle dans la pensée française. Point aveugle, car il est difficile de réconcilier la « patrie des droits de l'homme », identité que la France s'est donnée, et le régime d'exclusion organisée de ces droits qu'est l'esclavage. Point aveugle, car comment concilier un récit qui définit l'esclavage comme pré-moderne et arriéré et la modernité de l'esclavage ? Point aveugle, car comment expliquer ne fût-ce que l'existence de ce système qui a perduré, alors que des progrès dans l'ordre juridique, philosophique, politique, culturel et économique étaient visibles, reconnus ? Point aveugle, car sa prise en compte oblige à analyser la relation entre projet impérial/colonial et République et à peut-être déceler du racisme au cœur de la nation. Dans l'aller-retour entre métropole et colonie propre à l'empire colonial, l'idéologie raciste produit des discours et des représentations qui contaminent la construction de l'identité française.

Dans son mythe national, la France choisit de mettre l'accent sur l'abolitionnisme, en gommant à la fois ce qui l'avait précédé et ce qui le suivit. Même l'abolition ne deviendra jamais un moment central du récit historique, culturel et politique. Elle est signalée, mais comme un moment vidé de sens. Elle ne fait pas histoire. Elle n'appartient pas aux identités narratives françaises. Les récits sur 1848 indiquent le décret d'abolition, mais ne s'y attardent pas. L'accès à la liberté de dizaines de milliers de personnes asservies par la France ne mérite aucun commentaire. L'abolition de l'esclavage en 1848 – celle de la traite a eu lieu plusieurs années auparavant – ne constitue pas un moment fondateur, c'est-à-dire marquant à la fois une rupture et un point de départ. Il ne fait pas non plus date, car il ne modifie en rien les inégalités économiques et sociales qui reposent, entre autres, sur la notion de race et sur la dépendance de ces territoires par rapport à la France. Ceux-ci demeurent des colonies. Pour les affranchis, ces ambiguïtés font de l'abolition à la fois une date importante et une promesse non tenue. L'abolition entre dans le récit national, elle restera ce que la France aura donné aux esclaves, dans ces colonies lointaines auxquelles elle renonce alors. Un nouvel empire colonial se construit : en 1848, la Seconde République promulgue deux décrets, l'un le 27 avril qui abolit l'esclavage, l'autre qui transforme la colonie de l'Algérie en département français.

La surprise des médias et de l'intelligentsia devant la montée en puissance des mémoires des « colonisés » se mesure à l'aune de l'ignorance des Français. La traite négrière et l'esclavage restent souterrains, y compris pour ceux qui vivent sur les territoires concernés. Là on sait sans rien savoir de précis, et il n'est pas rare d'entendre dire : « Personne ne me l'a dit, je ne savais pas. » Aussi l'histoire resurgit-elle sous forme de mythes, de fantasmes. Par exemple, dans *Nèg marron*, quand les deux jeunes héros du film se retrouvent dans le salon d'une maison de *békés* et qu'ils voient sur les murs des reproductions de scènes de la plantation avec des esclaves, ils sont soudainement furieux et cassent tout. Le jeune réalisateur montre très bien que quelque chose est su de cette humiliation, pour avoir été transmis [1]. Les deux jeunes seraient sans doute assez incapables de mettre des noms sur ce qu'ils voient ou de donner des dates et des faits, mais ils savent très bien que ce qu'ils voient sont des scènes d'humiliation et que

---

1. Film de Jean-Claude Flamand BARNY, *Nèg Marron*, 2005. Barny utilise à bon escient la musique urbaine (hip hop, rap) qui aujourd'hui puise dans la métaphore de l'esclavage pour parler du présent. Voir www.acontresens.com, www.voixdesjeunes.org, www.afrimix.com.

les victimes sont leurs ancêtres. Le titre même du film fait appel à la mémoire de l'esclavage, car le marron était celui qui résistait en fuyant la plantation.

Ce n'est pas leur absence qui fait problème ; les manuels scolaires consacrent effectivement des pages à cette histoire. Mais si tant d'enfants et d'adultes originaires de ces sociétés avouent si mal connaître ce pan de leur histoire, c'est que le problème a tout à voir avec la manière dont on présente l'esclavage. Il n'est pas si simple d'en parler : personne ne veut en porter la responsabilité, personne ne veut avoir été victime, et pourtant tout le monde aspire au statut de victime. L'écriture de l'histoire ne consiste d'ailleurs pas en une distribution de bons et de mauvais points. En revanche, si la France assumait son histoire conflictuelle, acceptait la pluralité des mémoires, considérait l'antagonisme des intérêts et modifiait ainsi le récit national, cela permettrait de reprendre sur de nouvelles bases le récit républicain et ce qui est appelé « intégration ». Il faut donc songer à offrir un « espace à la parole publique pour que les violences soient dites [1] ».

L'ABOLITION DE L'ESCLAVAGE
COMME OUBLI DE L'ESCLAVAGE

Les causes du retard doivent d'abord être imputées à l'oubli dans lequel tombent la traite et l'esclavage dans les

---

1. Antoine GARAPON, Préface à l'édition française de Mark OSIEL, *Juger les crimes de masse. La mémoire collective et le droit*, Paris, Seuil, 2006, p. 8.

récits de la nation après 1848 et ce jusqu'en 1998, en un mot à l'indifférence envers l'outre-mer dans la recherche et dans l'opinion publique. C'est l'interprétation que privilégient les ultramarins qui perçoivent l'oubli avant tout comme une expression de mépris.

L'histoire de la traite négrière et de l'esclavage tombe dans l'oubli dès les lendemains de l'abolition en 1848. Les ports négriers dissimulent la traite, les sociétés anciennement esclavagistes ne veulent plus en entendre parler, les élites de « couleur », jugeant ce passé honteux et humiliant, cherchent à faire l'impasse sur cette expérience de l'inhumanité, et la République occulte des pages d'histoire qui ne participent pas de la geste du progrès inéluctable qu'elle promeut. La nation reste indifférente et produit des récits amnésiques qui contribuent à la formation de troubles de la mémoire. Ainsi des mémoires plurielles se retrouvent-elles confrontées à un seul récit officiel.

La France, seule puissance esclavagiste européenne à avoir connu deux abolitions de l'esclavage (1794 et 1848), choisit de faire silence sur ces événements. En donnant le meilleur rôle aux abolitionnistes français, l'historiographie républicaine liquide les situations qui l'explicitent : la traite, les résistances, les révoltes, les rivalités entre puissances esclavagistes, leur enrichissement. La vie des captifs et des esclaves n'est intégrée ni dans la geste de l'émancipation ni dans le récit national.

Aux colonies, le décret perd de sa force émancipatrice, car les commissaires de la République placent l'avènement de la liberté sous le signe de la soumission à l'ordre colonial. Au plan juridique, avec l'abolition de l'esclavage, les maîtres subissent un préjudice matériel, alors que la fin de la servitude forcée constitue en elle-même une compensation suffisante pour les affranchis. Les maîtres reçoivent un dédommagement financier ; les esclaves sont libres à condition de signer un contrat de travail. Toute contravention entraînera des peines de travail forcé. De nombreux affranchis soulignent aussitôt le caractère inégal de cet acte. D'un côté, puisque le corps de l'esclave était la propriété privée du maître, ce dernier peut légitimement demander une réparation matérielle pour sa perte. De l'autre, l'esclave retrouvant la propriété de son corps doit s'en satisfaire, sans pouvoir demander une réparation matérielle pour les années de travail dont il s'est acquitté gratuitement. On peut donc comprendre pourquoi cette reconnaissance par l'État d'une dette aux maîtres va assombrir la portée symbolique de l'abolition de l'esclavage. L'abolition reconduit l'inégalité en organisant la transition de l'esclavage à la servitude. Ce fait hante le débat actuel sur l'esclavage.

Dans les colonies, pendant de nombreuses années, l'abolition est célébrée par une « Fête du Travail ». Il y a doute sur la légitimité du statut de citoyen : « Vous n'êtes français que par décret », peut-on lire dans *La Défense coloniale* (Martinique), le 22 mars 1882. Pour les colons, quarante ans après son abolition, l'esclavage reste une « transition inévitable entre la condition sauvage et celle d'homme civilisé [1] ». Telle est l'ambiguïté d'une liberté soumise aux impératifs d'une économie et d'une politique coloniales.

---

1. Philippe HAUDRÈRE et Françoise VERGÈS, *De l'esclave au citoyen*, Paris, Gallimard, 1998, pp. 163-165.

Les situations ne sont cependant pas les mêmes d'une colonie à l'autre : si le passage de l'esclavage au salariat connaît partout les mêmes étapes (punitions, répression du vagabondage, etc.), l'évolution politique diffère. Au-delà de ces différences, le « préjugé de couleur » continue à organiser toutes ces sociétés, ce qui peut expliquer, dès le début du XXe siècle, l'expression d'aspirations qui s'appuient sur le principe républicain d'égalité. Josette Fallope cite de nombreux discours, manifestes ou articles où l'exigence d'une égalité des droits s'exprime au nom du « républicanisme profond du prolétariat antillais[1] ». En tant que principes universels, citoyenneté et égalité ne vont pas de soi dans la pratique. Le pouvoir du gouverneur colonial s'exerce sans contre-pouvoir. La législation adoptée pour la France n'est pas applicable dans les colonies, sauf mention expresse faite par le législateur ou décision de l'exécutif, et ce jusqu'en 1946. Les nouveaux citoyens restent des colonisés, et ils interprètent cette citoyenneté colonisée comme le signe d'un refus de leur égalité de citoyens.

Aux colonies, si la mémoire orale préserve le souvenir des résistances et des souffrances, l'élite locale « de couleur » participe à l'oubli. Aucune collecte de témoignages auprès des affranchis, pas de mention publique de cette histoire. Les discours des élus des sociétés post-esclavagistes ne font jamais référence à l'esclavage. Toutes leurs demandes sont exprimées au nom de l'attachement de leurs populations aux principes républicains, qu'ils démontrent toujours en

---

1. Josette FALLOPE, *Esclaves et Citoyens. Les Noirs à la Guadeloupe au XIXe siècle*, Basse-Terre, 1992, p. 638.

rappelant leur participation à la défense de la nation[1]. Ils réclament dès 1890, par un projet de loi déposé au Sénat, la départementalisation de leurs territoires. En 1946 encore, Aimé Césaire n'évoque pas la figure de l'esclave dans son rapport devant l'Assemblée nationale constituante réclamant la fin du statut colonial et défendant le statut de département. Pour justifier la fin du colonialisme, il invoque les fondements de la Révolution française, les idéaux de la Convention, mais ne dit pas un mot de l'esclavage[2]. En 1948, à la Sorbonne, lors de la commémoration du décret de 1848, il définit cette date comme « à la fois immense et insuffisante », car « le racisme est là. Il n'est pas mort ». Mais ses remarques ne trouvent pas d'écho dans l'opinion publique, et nul ne met en cause l'oubli de la France. La figure de l'esclave n'apparaît qu'en creux, dans la revendication d'égalité sociale et politique qui aura été refusée au moment de l'abolition. L'esclave n'était ni sujet ni citoyen. Si l'affranchi était à la fois citoyen et sujet, c'était de manière bridée, car le gouverneur colonial disposait de pouvoirs immenses, et l'oligarchie locale refusait toute application sur place des droits sociaux arrachés en France.

---

1. La revendication d'égalité qui s'appuie sur le « sacrifice du sang », celui des soldats colonisés morts pour la France, se retrouve dans toutes les colonies et sera à la source de révoltes de vétérans des colonies jusqu'après la Seconde Guerre mondiale (soulèvement du camp de Thiaroye dont Sembène Ousmane a fait un film, *Le Camp de Thiaroye*, 1998). Rappelons que l'histoire de la citoyenneté dans les colonies ne se confond pas avec celle de la métropole : par exemple les engagés indiens et chinois seront longtemps privés de ces droits.

2. Françoise VERGÈS, *La Loi de 1946. Archives et documents*, Saint-Denis, Réunion, CCT-Graphica, 1986, pp. 61-105.

En 1946, les élus des colonies ne redonnent pas présence à l'esclave, mais leur demande d'égalité revient à poser la question : « Si nous sommes ce que vous dites, arriérés, sans autonomie, parce que nous sommes Noirs et descendants d'esclaves, et si, malgré tout, nous sommes vos égaux, alors qui êtes-vous ? » La revendication d'intégration citoyenne et politique n'est pas désir d'assimilation culturelle, comme la classe politique française a voulu le comprendre, mais l'aboutissement de la lutte commencée avec le marronnage et les révoltes d'esclave [1]. Ces « Noirs et descendants d'esclaves » prennent à revers l'idéologie républicaine pour mieux faire apparaître ses limites et ses impasses.

En réalité, l'absence de l'esclave dans les enceintes politiques de la nation prouve qu'il n'est pas en tant que tel considéré comme sujet de l'histoire puisque ce statut lui a été nié. L'esclave est présent dans la poésie, les chants, les rituels destinés aux ancêtres, mais ce monde populaire n'a aucune place dans la nation. En Europe, la figure de l'esclave est une métaphore de la tyrannie, utilisée par les philosophes pour interpeller les puissants, mais il n'est jamais une personne qui parle et qui pense. Il est vrai que le monde des expressions populaires et des luttes a rarement sa place dans les enceintes institutionnelles. La notion de citoyen neutre, sans sexe et sans classe, exclut l'ouvrier, la femme, le paysan, le fou, mais l'occultation de l'esclave questionne encore plus profondément la construction de la catégorie de sujet. La modernité politique qui introduit la notion d'humanité

---

1. Michel GIRAUD, « Revendication identitaire et cadre national », *Pouvoirs*, 2005, n° 113, pp. 95-108.

invente une notion de citoyen qu'elle distingue du sujet (du roi) ; par là même elle renvoie toute autre figure au pré-moderne. Le *Dictionnaire de philosophie politique* ne dit rien d'autre : « L'esclavage subsiste aujourd'hui dans certaines régions du monde mais sous des formes à la fois organisées et clandestines, ce qui montre qu'à défaut d'avoir disparu dans les faits, il a été intellectuellement éradiqué et que son étude philosophique revêt un intérêt essentiellement historique [1]. » L'esclave est donc une figure moderne, mais la modernité lui réserve une catégorie particulière dans son édifice de pensée sur l'humain – celle du pré-humain. C'est bien la présence de l'esclave dans la modernité et non dans ce qui la précède qui doit être repensée : qu'en est-il de l'actualité de l'existence de gens qui ne comptent pas, dont ni la naissance ni la mort ne constituent des signes de présence sociale ? Les esclaves étaient inscrits comme « meubles », comme faisant partie des objets constituant la fortune et l'héritage d'un individu au même titre que ses tables, ses chevaux et ses chaises. L'esclave subissait une « mort sociale », selon l'expression d'Orlando Patterson. Cette mort sociale imposée participe de l'organisation moderne de la société. La classification de l'esclave comme figure pré-moderne est le signe de la difficulté à penser la modernité de l'esclavage. Il n'est pas vrai que l'éradication intellectuelle de l'esclavage ait été effectuée ; il reste, au-delà de sa condamnation morale, cette capacité à fabriquer des individus qui ne comptent pas.

---

1. René SÈVE, « L'esclavage », in Philippe RAYNAUD et Stéphane RIALS (éd.), *Dictionnaire de philosophie politique*, Paris, PUF, 1998, p. 215.

LES DISCOURS SUR LE RETARD, LES NOTIONS D'OCCULTATION ET DE MÉMOIRE SÉLECTIVE

Les expressions « mémoire sélective », « crime oublié », « occultation » sont largement utilisées pour qualifier la manière dont le colonialisme, l'esclavage, la traite et autres événements sombres de l'histoire seraient traités dans les manuels scolaires par les hommes politiques et par les médias[1]. Les termes « occultation » et « sélection » impliquent une volonté délibérée de cacher et de choisir. S'il est vrai que l'écriture de l'histoire française a visé, comme toutes les histoires nationales, à créer une identité nationale qui ne prenne en compte ni l'histoire des classes dangereuses, ni celle des femmes, ni celle des colonisés, ni celle des fous, des prisonniers, des marginaux, on peut s'interroger sur un programme de réécriture dont le but serait de dévoiler tout ce qui aurait été occulté. Plutôt que de vouloir rendre les faits transparents et convoquer victimes et bourreaux devant le tribunal de l'histoire, il serait préférable d'encourager une écriture de l'histoire qui prenne en compte l'économie et, par conséquent, l'exploitation brute qui court à travers les siècles, et cela pour mettre en perspective les recherches sur ce phénomène culturel

---

1. « Esclavage, le crime oublié », *Le Nouvel Observateur*, 3-9 mars 2005 ; « Esclavage : la France retrouve la mémoire », *Libération*, 12 avril 2005 ; « Esclavage, la mémoire se libère », *Libération*, 13 avril 2005. Le collectif Devoirs de Mémoires, « Manuels sans mémoire », *Libération*, 6 mai 2005 ; « Les revendications des Noirs de France », *Libération*, 22 février 2005.

qu'est la mémoire de la traite négrière et de l'esclavage, ou sur la manière dont des groupes s'emparent de la mémoire pour intervenir dans l'espace public.

En réalité, l'appel à la mémoire vient combler l'absence du passé dans les récits et le discours social. Dans le cas de la traite et de l'esclavage, le passé est resté comme suspendu. Rien n'a vraiment été oublié, rien n'a vraiment été remémoré. Le passé investit le présent avec d'autant plus de force qu'il est incertain, oscillant entre dates floues et faits vagues. Le passé est trop « immatériel ». Aucun lieu de résistance n'est devenu monument national. Quel Français connaît la Mulâtresse Solitude, Cimendef, Dimitile, Delgrès, qui sont pourtant de grandes figures des luttes pour la liberté et l'égalité au même titre que les héros de la Révolution ? Les plantations sont devenues aujourd'hui des lieux de tourisme où l'on peut découvrir un simulacre d'« art de vivre créole », en sirotant un punch sous la véranda, dans la douceur des alizés... Dans les colonies mêmes, le pouvoir colonial n'a pas cherché à préserver les lieux où vivaient les esclaves ou les engagés ; il faut attendre les années 1980 pour assister aux premiers pas d'une politique de sauvegarde et de valorisation des lieux de la mémoire vernaculaire. La connaissance incertaine du passé ouvre la porte à des spéculations incontrôlables. La bataille des chiffres sur le nombre d'Africains capturés pour la traite en est un symptôme, certains n'hésitant pas à parler de deux cent millions de victimes [1]. On pense que des chiffres énormes devraient pouvoir à eux seuls constituer le mémorial monumental *ad*

1. http ://www.africamaat.com

hoc, car ils choqueront la conscience et mobiliseront l'attention. Pour d'autres, ils manifestent la simple possibilité de compter. Cette surévaluation du nombre des esclaves peut paraître ridicule à qui ne prend pas en compte à la fois la lutte pour une reconnaissance qu'ils supposent et la relation entre compter pour et être compté. *Compter pour* renvoie à l'existence sociale, *être compté* à la simple économie des corps. Le raisonnement sous-jacent semble être le suivant : puisque nous n'avons pas compté hier, nous compterons aujourd'hui, nous nous ferons compter d'autant plus que nous n'avons pas compté et que des millions d'entre nous ont pu disparaître sans que cela soit seulement compté.

En parcourant les sites Internet consacrés aux pages occultées et à la mémoire sélective en matière de traite négrière et d'esclavage, on mesure combien le sentiment d'une censure est largement partagé. Sur des centaines de sites, des voix s'expriment sur la traite négrière, l'esclavage, la responsabilité de l'Europe, des Lumières, les discriminations contre les Noirs, la nécessité de faire entendre leurs voix, la légitimité de parler d'une communauté noire... Des milliers de personnes se parlent. On y trouve aussi bien des discussions qui illustrent le désir de comprendre et d'apprendre que des délires racistes, xénophobes, paranoïaques et antisémites. Sondages, appels à la mobilisation contre la vente d'archives, contre des historiens ou intellectuels ayant fait des déclarations jugées offensantes et diffamatoires, conseils de beauté, de cuisine, psychologie, portraits de résistants à l'esclavage, forums, chat, blogs, célébration de grandes figures du monde noir... ces sites constituent aujourd'hui un lieu central d'expression et de références, et j'ai pu à de nombreuses reprises constater combien l'Internet est devenu un outil de connaissance pour celles et ceux qui réclament que la traite et l'esclavage occupent, dans l'écriture de l'histoire, la place qu'ils méritent en tant qu'événement central.

La manière dont les manuels scolaires traitent ces thèmes en leur déniant un caractère fondamental encourage le choix de l'Internet qui est perçu comme un espace plus démocratique : on pourra y trouver ce qui est «caché» ailleurs, on pourra faire confiance aux historiens auxquels il est fait référence, car ceux-ci échapperaient au diktat des universités soupçonnées de participer activement à l'occultation. Pour autant, médias et chercheurs négligent largement cette activité. Et pourtant, comment parler des enjeux de la mémoire autour de la traite et de l'esclavage sans tenir compte du débat sur l'Internet, de ses débats souvent si vifs, des opinions contradictoires et des tensions qui s'y font jour ? Sans vouloir faire une synthèse exhaustive de ces sites (cela demanderait une étude spécifique), je voudrais rassembler ici les principaux arguments attribués aux causes de l'occultation et de la mémoire sélective [1], non

---

1. Quand on interroge Google sur les «associations antillaises et esclavage», plus de 130 000 sites sont proposés ! Si on demande «esclavage», ce sont plusieurs centaines de milliers. Je me réfère ici à ceux qui semblent très développés, avec liens, renvois, citations nombreuses, et qui ont développé des rubriques consacrées à la traite, l'esclavage et leurs mémoires, dont par exemple www.alterites.com, www.DiverCites.com, www.contreloubli.org, http ://les.traitesnegrieres.free.fr qui traite de «L'Holocauste noir», www.afrikara.com, www.grio.com, www.amadoo.com, www.cm98.com, www.collectifdom.com, www.casodom.com.

sans avoir préalablement souligné que ces sites n'évoquent jamais les abolitions que pour en souligner le caractère hypocrite. L'attitude de l'Europe envers l'Afrique y est stigmatisée : les Européens ont livré l'Afrique aux ravages de guerres ourdies en Occident ; ils ont pillé ce continent aux richesses inépuisables, tout en refusant de reconnaître son rôle dans l'émergence de l'humanité et dans la culture [1]. L'Europe s'emploie à décourager toutes tentatives d'écrire une vraie histoire de la traite et de l'esclavage, car elle aurait à considérer les réparations qu'elle doit au continent. L'Europe n'aurait pas hésité à détruire statistiques et preuves, pour faire obstacle à l'évaluation du préjudice, donc aux réparations [2].

Autre raison de l'occultation : le racisme des Lumières, ces Lumières si célébrées, présentées comme fondement même de l'humanisme ne seraient que mensonges hypocrites. L'Europe s'y accroche pourtant, car elle n'est pas prête à questionner ce qui la fonde. Le mépris ensuite, mépris pour « l'homme noir » qui s'exprime partout, dans la sphère professionnelle, dans les médias, dans la recherche, dans la culture : « Je suis outré de voir comment l'Occident méprise l'homme noir, allant jusqu'à vendre aux enchères des documents liés à la traite négrière comme de simples documents », écrit un homme sur le site afrikara. La dissimulation, par les Européens, de la traite et l'esclavage, et la

---

1. On y trouve reprises les thèses de Cheikh Anta Diop : philosophie et art grecs, sources de la pensée européenne, auraient largement emprunté à l'Afrique noire sans jamais le reconnaître.

2. Conseil mondial de la Diaspora africaine, http ://africa.smol.org : « Les millions de morts établissent le crime. »

sous-évaluation de leur impact s'expliqueraient aussi par la peur de devoir peut-être reverser les profits ainsi accumulés : « Un siècle et demi après l'Abolition de l'Esclavage et de la Traite négrière dans les colonies françaises, des familles et entités commerciales anciennement parties prenantes dans l'économie négrière continuent d'engranger les profits liés à la barbarie sans nom de la traite négrière. Alors que les revenus du commerce des pièces d'Inde ont financé les villes portuaires comme Nantes, Bordeaux, Le Havre, La Rochelle... et, plus généralement, le développement du capitalisme français, la vente des manuscrits est aujourd'hui l'ultime phase d'exploitation du lucratif filon négrier », écrit le Collectif des filles et fils d'Africains déportés (COFFAD) en février 2005. La France ne veut pas reconnaître que « c'est grâce à nous [dans les colonies à sucre] qu'elle a bâti sa richesse [1]. »

La thèse du complot, et plus particulièrement du « complot juif », s'ajoute à ces accusations. Dans les forums où cette thèse est débattue, on laisse libre cours à la paranoïa à l'envie et à l'antisémitisme. Paranoïa du « on nous cache quelque chose », du « on ne nous dit rien », du « tout est caché », qui implique que certains détiennent cette « vérité cachée » et que « nous, on va oser » la dire. Envie, car pourquoi le génocide des juifs d'Europe tiendrait-il une telle place, et pas celui des Noirs ? « Si on dit un mot de travers sur la Shoah, on s'attire les foudres de toutes les communautés (c'est vrai, c'est une tragédie dont seul l'homme en est capable), mais dès qu'on parle des

---

1 www.netmassif.com, 20/04/2005.

Noirs, on peut tout se permettre, y compris fouler au pied tout ce qu'ils ont enduré, et pour nous, pas de devoirs de mémoire[1]... » Par antisémitisme, on met l'accent sur la participation (« cachée » bien entendu) des juifs à la traite, et on produit des archives qui vont « tout éclairer ».

Ces dérives, qui trouvent malheureusement des échos, ne sont pas sans rappeler celles qui donnèrent lieu à de nombreuses controverses aux États-Unis. Cependant, outre-Atlantique, la recherche et sa diffusion ont su prendre de court les thèses antisémites concernant la traite en les invalidant ; leur caractère révisionniste et raciste a été amplement démontré. De grandes figures africaines-américaines, telles que Cornell West, Toni Morrison, Louis Gates Jr., Bell Hooks, de grands historiens de l'esclavage, David Brion Davis, Ira Berlin, Louis Frederickson, apportèrent leurs voix au débat, et s'ils n'ont jamais cédé sur l'ampleur et l'horreur de l'esclavage, ils ont toujours refusé toutes les formes de démagogie. La publication d'anthologies de la littérature africaine-américaine, de documentaires, d'archives contenant images et témoignages recueillis directement auprès d'esclaves, l'organisation d'expositions sur la représentation du corps noir, l'étude du discours visuel sur le corps noir, tout cela permit à chacun d'opposer aux discours démagogiques et simplistes un corpus de références diverses et multiples. La décision de faire du mois de février le *Black History Month*, avec publications pour

---

1. « La Shoah oui, la traite non ? », http ://www.afrikara, février 2005.

écoliers, expositions, conférences, concours, documentaires, de même que l'instauration d'un jour férié célébrant Martin Luther King Jr. contribua aussi à reconnaître à la présence noire aux États-Unis la place qui lui revient de droit, non seulement dans ses dimensions sociales, démographiques ou économiques, mais aussi pour ses contributions à la pensée de la liberté et de l'égalité, aussi bien que dans les champs de la science et de la culture [1]. Cette officialisation, cette présence publique n'ont certes pas, loin s'en faut [2], résolu tous les problèmes des Africains-Américains, mais elles ont indéniablement offert une inscription symbolique dans l'espace public.

Le débat sur la nécessité de construire un musée de l'esclavage à Washington D.C., à côté des grands musées nationaux, est une nouvelle étape dans cette campagne pour la reconnaissance. Qui plus est, la recherche et sa diffusion sur tous supports contribuent à enrichir le débat et permettent ainsi de se consacrer à l'étude des aspects plus complexes de l'événement. Mais en France, on en est toujours à se battre pour une première reconnaissance. Il est temps d'envisager de telles initiatives, qui ne mettront pas fin aux discriminations, mais qui ouvriront un espace de débat comparatif. C'est en multipliant la présence des esclaves dans l'espace public français qu'un apaisement aura lieu. Umberto Eco le dit bien : « On n'oublie pas

---

1. Un *Black History Month* existe aussi en Grande-Bretagne.
2. Lors du cyclone Katrina en Louisiane et au Mississippi, on a pu de nouveau constater la brutalité des inégalités raciales, l'indifférence envers ceux fabriqués comme « ne comptant pas », comme étant « jetables ».

par annulation mais par surimposition, non en produisant de l'absence mais en multipliant les présences[1]. »

Les accusations d'occultation et de mémoire sélective peuvent être lues comme une réaction à l'indifférence. Pour autant, l'indifférence ne s'explique pas nécessairement par la volonté d'effacement. Certes, cette volonté a existé et existe toujours, mais il ne suffit pas de vouloir dire la vérité pour résoudre les problèmes pratiques et conceptuels que posent l'étude et l'écriture de l'histoire de la traite négrière, de l'esclavage et de leurs abolitions. La mémoire n'occupe cette place centrale qu'en raison du retard pris par la recherche sur la traite négrière et l'esclavage, et parce qu'il n'existe pas d'ouvrages de vulgarisation scientifique dont la diffusion large, sur tous supports (films, documentaires, livres de jeunesse), contribuerait à mettre fin aux approximations et raccourcis simplistes qui jusqu'à aujourd'hui comblent le vide. La recherche sur ces sujets est d'autant plus marginalisée qu'elle souffre d'une reconnaissance académique insuffisante[2]. Et cette marginalisation, à son tour, n'a pas encouragé la production de documentaires, de films, et autres formes d'expression « grand public »[3].

Les griefs d'occultation et de sélection sont à com-

---

1. Umberto ECO, « An Ars Obliviolanis ? Forget It ! », *PMLA*, 1988, 103, 3, pp. 254-261, p. 260 (c'est moi qui traduis).

2. Cependant, fin 2005, le CNRS a créé un réseau thématique prioritaire sur la traite, l'esclavage et leurs abolitions sous la direction de Myriam Cottias.

3. Pour les raisons de ce retard dans la recherche, consulter notamment le rapport du Comité pour la mémoire de l'esclavage sur www.comite-memoire-esclavage.fr ou aux Éditions La Découverte, 2005.

prendre de plusieurs manières : ils expriment à la fois le désir d'élaborer une histoire totale et la difficulté à trouver les mots pour se faire entendre. Utiliser un vocabulaire visant à interrompre le « récit officiel », brandir des termes qui renvoient à censure, culpabilité, répression, c'est, d'une certaine manière, intervenir dans le débat.

POURQUOI MAINTENANT ?

Des mouvements culturels d'affirmation identitaire qui se développent peu à peu dans les DOM à partir des années 1960 vont puiser dans la mémoire orale pour restituer la figure de l'esclave et son expérience. Ces mouvements s'inscrivent dans le mouvement plus large de revendication des cultures non européennes et de leurs expressions. Ils en appellent également à l'élaboration d'une histoire qui se dégage de la temporalité imposée par la France et s'intéressent à la manière dont le mythe national est soumis, en métropole, à relecture et à révision. Liés aux luttes politiques locales, ils sont également attentifs aux luttes de décolonisation dans leur région (Caraïbes, océan Indien) et dans le monde (Algérie, Vietnam). Ils s'emploient à constituer une archéologie des récits issus de l'histoire orale et de la mémoire populaire ; car, comme je l'ai déjà souligné, l'esclavage et ses effets, qui avaient disparu des écrits et des débats nationaux, étaient restés bien vivants dans la mémoire populaire. La langue, les rites, les contes avaient perpétué la mémoire de l'esclavage, constituant une archive irremplaçable. Romans, pièces de théâtre, chansons, essais foisonnent alors, quoique confinés encore à l'espace ultramarin. Et bientôt des thèses et des colloques viennent structurer ce travail de remémoration, mais aucun ouvrage des historiens de ces sociétés n'est discuté par le monde universitaire français, ne fait l'objet d'une critique, d'un débat, ni ne constitue une référence. Lors de la célébration du bicentenaire de la Révolution française en 1989, l'esclavage est évoqué, mais c'est pour saluer le rôle de la Constituante dans l'abolition du 4 février 1794. Les mémoires restent territorialisées, comme si elles se méfiaient les unes des autres. La mémoire et l'histoire de l'abolition cherchent à mettre l'accent sur l'œuvre de la France ; celles de l'esclavage sur la responsabilité de la France dans ce crime. La mémoire de la traite est renvoyée à l'histoire des ports négriers. La connaissance avance mais reste fragmentée.

Le cent cinquantenaire anniversaire de l'abolition de l'esclavage en 1998 permet aux populations des DOM de donner un nouvel élan à l'inscription de cette mémoire et de cette histoire dans l'espace public : stèles, monuments, noms de rues témoignent de cet effort. Les ressortissants d'outre-mer y voient l'occasion d'investir l'espace public en France métropolitaine et de réclamer que la France se penche sur cette histoire qui est la sienne. Ainsi, le 23 mai, près de 40 000 Martiniquais, Guadeloupéens, Africains, Guyanais et Réunionnais défilent de la République à la Nation à l'initiative du Comité pour une commémoration unitaire de l'abolition de l'esclavage des Nègres dans les colonies françaises. La commémoration officielle, mise en place par le gouvernement socialiste de Lionel Jospin, est

cependant placée sous le signe de la célébration de l'abolition, marginalisant encore une fois l'histoire de la traite
et de l'esclavage et la situation contemporaine des sociétés issues de l'esclavage. Le slogan officiel « Tous nés en
1848 [1] », symptomatique, laisse peu de doute sur la volonté
du gouvernement : la commémoration est le moment par
excellence où la France donnera l'image d'une nation récon-
ciliée autour d'une même date de naissance. Certes, les
colloques, manifestations, rencontres qui se sont multipliés
ouvrent la voie à une révision de l'histoire officielle, mais
la commémoration laisse derrière elle une impression d'in-
achèvement.

Au désenchantement des populations de l'outre-mer
s'ajoutent les désillusions de la diaspora ultramarine en
France. Constituée à partir des années 1960 et organisée
par le BUMIDOM, cette immigration revêt des proportions
considérables : aujourd'hui, le nombre d'Antillais vivant
en France est égal au nombre d'Antillais vivant dans les
deux départements des Caraïbes. Cette diaspora connaît
des difficultés. Les discriminations raciales qu'ils subissent,
notamment en termes de parcours professionnel, puisqu'ils
sont surtout recrutés à des emplois subalternes dans les
services publics (hôpitaux, poste) ou dans les usines, leur
font comprendre qu'être citoyen français n'est pas une
garantie contre le racisme [2]. Les témoignages de cette

---

1. Le slogan accompagnait la photo de jeunes femmes et de jeunes
hommes, noirs, blancs et métis.
2. Claude-Valentin MARIE, « Les Antillais en France : une nouvelle
donne », *Hommes et migrations*, 2002, 1237, pp. 26-39 ; Claude-
Valentin MARIE et Michel GIRAUD, « Insertion et gestion socio-

désillusion sont nombreux. Ainsi, Marie-Andrée Bapté, femme de service dans un centre pour handicapés mentaux : « Aujourd'hui, la nouvelle génération est révoltée. Mes fils, en plus de savoir ce que leurs ancêtres ont subi, se sentent rejetés dans leur pays. Alors qu'ils sont français à part entière, diplômés, on les juge toujours sur leur couleur de peau [1]. » Ces discriminations restent invisibles parce que les mouvements anti-racistes se sont intéressés prioritairement aux immigrés et parce que ces citoyens français « de couleur » n'ont d'abord pas osé revendiquer leur « couleur [2] ». Leurs enfants, nés en France, ne nourrissent plus, dans leur très grande majorité, le rêve de « retourner au pays » qu'avaient leurs parents. Si leur identification au « pays » est plus lâche, plus distante, ils n'en ont pas moins intégré certains aspects : la différence entre la terre de leurs parents, cette France outre-mer, et la France où ils vivent ; le fait que le « noir » est une couleur, malgré les affirmations répétées et martelées de l'universalisme français. L'expérience vécue du Noir, sur laquelle Frantz Fanon s'était penché dans *Peau noire, Masques blancs*, fait retour comme expérience de la différence imposée par l'autre, celui qui s'exclame

---

politique de l'identité culturelle : le cas des Antillais en France », *Revue européenne de migration internationale*, 2003, pp. 31-48 ; Wilfrid BERTILE et Alain LORRAINE, *Une minorité invisible*, Paris, L'Harmattan. Voir également Viviane ROMANA, *Entretien avec Sonia Lainel*, RFO Guadeloupe, 11/10/2004.

1. Stéphanie BINET, « Les revendications des Noirs de France », *Libération*, 22 février 2005.

2. Philippe BERNARD, dans « Ces mémoires qui agitent la France multicolore », analyse les demandes des enfants d'immigrés et oublie celle des descendants d'esclaves, *Le Monde*, 16 avril 2005.

« Tiens, un Noir ! » L'accusation de « communautarisme », supposé affaiblir le modèle français, s'appuie encore une fois sur l'incapacité de la France à intégrer son passé colonial dans son passé national et sur sa tendance à oublier le communautarisme colonial qui prohibait toute expression interculturelle, tout mélange. Pour la génération née en France, l'interculturel étant une réalité, il n'est plus question d'attendre sagement une reconnaissance mais de l'imposer. Ils se disent « Noirs », s'inspirent de l'expérience des Africains-Américains et demandent que la part africaine de leur identité leur soit reconnue. Chez eux, l'esclavage et l'Afrique constituent des sources d'inspiration artistique et des métaphores à même d'éclairer un présent d'inégalités. Le trait est souvent forcé et le risque est grand de voir une histoire passée et mal comprise devenir le socle de l'identité, enfermant alors le sujet dans un réseau mortifère.

On doit cependant éviter d'homogénéiser les positions. Car demander aux « Noirs » d'adopter une position commune reviendrait à racialiser la politique. Au sein de la « communauté noire », les positions sont loin d'être en accord, comme la multiplicité des sites et la tonalité des débats en attestent. Ainsi, pour le Comité du 23 mai, il ne saurait être question de faire un lien entre la mémoire des Africains et celle des Antillais : cette dernière est, quelle que soit la couleur de la peau, une mémoire de « souffrance ». Puisque la mémoire, toujours déclinée au présent, est devenue un enjeu politique, il est inévitable que les intérêts divergent. Pour autant, il se dessine un groupement d'intérêt autour d'un constat, celui des discriminations et des inégalités, avec parfois la tentation de se regrouper sur le modèle de tous ceux qui, un jour ou l'autre, ont adopté une stratégie d'essentialisme, fût-elle temporaire : femmes, gays, colonisés. Chacune de ces « minorités » se constitue autour du constat avéré d'une situation commune transversale ; mais chaque groupe s'emploie à remettre en cause ce « commun [1] ».

Les mouvements pour la reconnaissance de la traite négrière et de l'esclavage bénéficient également de la tendance historiographique actuelle, visant à effectuer toute une série de modifications dans l'écriture de l'histoire, à commencer par la contestation du mythe national. Le mythe national d'une France patrie des droits de l'homme, culturellement homogène, s'est fissuré sous les coups d'associations et d'historiens qui ont mis en lumière sa complicité dans des exactions et des crimes de guerre, des crimes coloniaux, rappelé le rôle du régime de Vichy dans la solution finale, étayé les accusations de participation active à des coups militaires et de soutien actif à des dictatures en Afrique, ou encore révélé un antisémitisme et un racisme partagés par une part non négligeable du peuple français. À ce motif s'ajoute l'émergence de la figure de la « victime » dans l'histoire : son témoignage est devenu central et ses demandes de réparation sont devenues légitimes. Le travail des associations juives pour la reconnaissance du génocide des juifs d'Europe, pour que soient révélés les complicités, les silences et les responsabilités, pour que soient poursuivis les responsables et que soient restitués les avoirs perdus

---

1. Par exemple, le mouvement féministe fut critiqué pour sa marginalisation des différences de classe et de race, son illusoire « sororité ».

a constitué un modèle dont s'inspirent les associations militant pour la mémoire de l'esclavage.

La loi de mai 2001 a été l'aboutissement de ce mouvement : elle ouvre des perspectives dans la mesure où elle nomme le crime et suggère de mettre en place une structure qui propose des mesures concrètes. Jusqu'ici on pouvait croire qu'il y avait consensus sur la traite négrière et l'esclavage en France. On découvre qu'il n'en est rien et que, sur ce terrain, des passions et des intérêts contradictoires, sinon antagonistes, s'affrontent. Le travail commence, c'est un chantier en formation, et il conviendra à chacun de préciser sa problématique et ses outils conceptuels. La confrontation d'interprétations et de lectures est inévitable. Aucune ne doit être censurée (sauf dans le cadre où elles s'égareraient dans des propos racistes et xénophobes). Toutes les questions méritent d'être examinées, depuis celle des réparations financières jusqu'à celle de l'érection d'un Mémorial.

Cette situation inédite permet de comprendre comment et pourquoi un événement assez lointain dans l'histoire peut devenir un enjeu contemporain. Le retard explique en partie que ce soit la notion de mémoire plutôt que celle d'histoire qui encadre le débat. La mémoire sert à revenir sur une présence ignorée, niée, celle des esclaves dans le récit national et celle des descendants d'esclaves aujourd'hui citoyens de la République française. Les ancêtres étant morts dans l'oubli parce qu'ils étaient esclaves et Noirs, leurs descendants doivent défendre leur mémoire pour restituer leur présence. Elle se fait entendre de manière d'autant plus forte, voire violente que celles et ceux qui s'en font les hérauts se sont persuadés que l'ignorance, l'indifférence et l'oubli résultent d'une volonté délibérée de nier cette histoire.

La mémoire a pris une place considérable dans le monde contemporain, forte des travaux de psychologues, d'historiens ou de sociologues soulignant le lien fondamental qui unit mémoire et identité, mémoire et société. En dépit de toutes les démonstrations qui établissent le caractère instable de la mémoire, ses reconstructions perpétuelles et son intimité avec le fantasme, elle est toujours perçue comme source sacrée de vérité. Face à cette mémoire qui ne mentirait pas, l'oubli est vu, au contraire, comme participant à sa destruction. Admettre l'oubli, c'est une nouvelle fois effacer l'ancêtre. Mais quel récit la mémoire peut-elle produire s'agissant de restituer l'expérience de l'esclave, alors que, en France, les sources écrites font cruellement défaut ? La vérité du cœur est alors convoquée pour pallier l'insuffisance du savoir. Une des expressions de cette vérité du cœur s'observe dans les églises évangélistes qui accueillent Antillais et Réunionnais[1]. Les « prières de délivrance » offrent une expérience intense de la religion vécue comme la rencontre avec Jésus. L'officiant explique

---

1. Le phénomène est à étudier. Xavier Ternisien dans son article « Les églises d'expression africaine se multiplient en banlieue », *Le Monde*, 9 mai 2005, ne se penche pas sur la genèse de cette implantation. Ces églises, qui connaissent aussi un succès grandissant dans les territoires ultramarins, offrent à des populations christianisées par le colonialisme une Église plus proche des « émotions ». Les études sur ces églises en Afrique et en Amérique latine suggèrent des pistes de recherche : soupçon envers une Église catholique qui ne s'est pas opposée à l'esclavage et au colonialisme ; conservatisme social qui redonne avec ses règles une vie ordonnée dans un monde désordonné ; promesse de rédemption dans ce monde...

comment et pourquoi les souffrances morales, physiques et sociales qui emprisonnent l'individu seront guéries par la prière. On prie avec imposition des mains, on demande une délivrance. Cette guérison par la prière permet de repousser l'angoisse, l'écrasement d'une vie qui semble avoir été pour toujours marquée du fer de la chaîne de l'esclavage. Pour ces fidèles, les chaînes de l'esclavage sont bel et bien contemporaines et toujours d'actualité, car la vie n'a pas apporté la délivrance. Grâce aux prières collectives, les âmes des ancêtres « morts dans les souffrances de l'esclavage » seront apaisées ; les messes dites pour le « martyre de l'esclavage » délivreront de la « prison de l'esclavage dans laquelle nous [leurs descendants] étions enfermés[1] ». La délivrance en ce monde est assimilée à la délivrance du Christ dont le calvaire est semblable à celui des « parents esclaves ». Cet appel dit une souffrance qui est réelle, même si certains jugent qu'elle est manipulée. C'est la souffrance de personnes qui n'ont toujours pas trouvé leur place dans la nation, qui perçoivent un écart d'avec une société dont elles sont pourtant membres. Les femmes sont nombreuses à se joindre à ces églises, où elles trouvent solidarité et réconfort. Les forces qui dominent la vie sociale, économique, culturelle, leur apparaissent lointaines et écrasantes. La prière de délivrance apparaît alors comme un recours, et l'église devient un espace où l'on peut dire sans crainte ses maux et ses angoisses. Ce n'est pas que ces personnes imaginent que leurs ancêtres parlent à travers elles[2] : il faut comprendre

---

1. Messe du martyre de l'esclavage dite le 23 mai 2005 en la basilique de Saint-Denis, voir www.cm98.com.

2. Je ne tiens pas compte ici des nombreuses pratiques de transe

qu'en proclamant cette filiation, elles parlent d'elles-mêmes et de ce qu'elles sont aujourd'hui. Les explications psychologiques qui prétendent que la mémoire s'est transmise telle quelle, sans médiation ni transformations, des ancêtres esclaves aux personnes originaires des DOM marginalisent la dimension sociale et économique. La dimension psychique ne dit pas tout de ce recours à des doctrines du salut : il est nécessaire d'analyser en quoi il exprime une méfiance envers la démocratie et pourquoi les fidèles doutent de la capacité des élus à offrir des solutions. Tant que tout n'est pas fait pour instaurer des espaces de rencontres et d'échanges ouverts tels que la souffrance sociale, économique et culturelle puisse y être expliquée et des solutions collectives proposées, il paraît bien inutile de se plaindre de la perte de confiance dans le processus démocratique, et encore davantage de mépriser le recours à la religion.

Les populations des DOM « ne ressassent pas », contrairement à ce que dit Pascal Bruckner[1]. Elles tentent d'élaborer des solutions et de créer des espaces où le droit d'être écouté et entendu n'est pas réservé au vainqueur d'un rapport de force qui laisse de côté les vaincus. Elles

---

où les ancêtres sont invités à parler à travers les vivants. Ces pratiques, décrites par des anthropologues de ces sociétés, jouent un rôle central dans l'élaboration des filiations.

1. Pascal BRUCKNER, « Attention au manichéisme », *Le Figaro*, 9 avril 2005. Bruckner, qui déclare aussi : « Le devoir de mémoire me semble surtout invoqué pour obtenir le statut de victime », parle d'un enseignement de l'histoire qui « devrait *permettre* de penser la barbarie au pluriel ». Mais c'est bien ce que bon nombre de ces associations demandent. L'accusation de « concurrence victimaire » est à manier avec précaution.

veulent faire reconnaître la légitimité de leurs luttes, de leurs angoisses et de leurs rêves, qui sont bien le produit d'une réflexion et d'une connaissance, et non pas d'une émotivité incontrôlable.

Au vu de la richesse et la complexité du débat sur les causes du retard d'une écriture de l'histoire de la traite et de l'esclavage, on mesure mieux les insuffisances d'une approche exclusivement « républicaine » de ces questions. S'il est important de débusquer manipulations et ethnicisation de la mémoire, il s'agit aussi d'écouter avec attention et respect des voix qui demandent que le passé devienne histoire, que l'héritage du colonialisme soit débattu, que ses manifestations présentes soient identifiées et que des solutions autres que le paternalisme des quotas soient proposées.

Si cette demande s'exprime sur le terrain mémoriel, et non pas sur le terrain historique et politique, c'est que la mémoire permet de revendiquer un héritage pensé comme incomparable, unique, et indépassable. Les lacunes du passé ordonnent le présent. Le débat sur la mémoire de la traite et de l'esclavage est à la fois conflictuel et mouvant : il met aux prises et rallie tour à tour des groupes qui en appellent à une modification radicale de l'écriture de l'histoire et d'autres qui demandent des réparations financières, pendant que le Comité pour la mémoire de l'esclavage fait des propositions, que des intellectuels français parlent de tentation communautaire et que tel ou tel artiste se fait remarquer par ses propos... Le silence et l'oubli font enfin place au débat contradictoire. Il ne faut pas s'étonner ou se scandaliser des formes que prend le débat, elles ont des causes. Si des délires paranoïaques, plus rares qu'on pourrait le penser mais très médiatisés, ont cet écho, c'est autant en raison de l'ambiguïté avérée de l'écriture de l'histoire de la traite négrière, de l'esclavage et de leurs abolitions que d'un manque de réflexion sur les problèmes pratiques et conceptuels que pose l'étude de ces histoires.

MÉMOIRE, COMMÉMORATION, MONUMENTS, RECHERCHE

La demande mémorielle s'accompagne de demandes de manifestations commémoratives. Or la forme de commémoration que l'Europe a adoptée relie de manière indissoluble identité et héritage, passé et présent[1], comme s'il y avait un lien direct entre nos ancêtres et nous : ce serait « notre » héritage qui nous donnerait « notre » identité. Cette conception interdit toute approche comparative, car elle implique une « mystique » de l'héritage : l'identité de chaque groupe serait unique, son expérience incomparable. À la limite, les expériences singulières et collectives sont ainsi transformées en objets morts.

La demande de monuments, musées, mémoriaux, participe du désir d'inscrire la présence des esclaves dans l'espace public. Comment représenter cette histoire et les cultures qui en sont nées ? On le sait, le musée joue un rôle de plus en plus central dans la politique de la mémoire.

---

1. Daniel LOWENTHAL, « Identity, Heritage, and History », in John R. GILLIS (éd.), *Commemorations. The Politics of National Identity*, Princeton, Princeton University Press, 1998, pp. 41-60.

Plusieurs groupes ont d'ailleurs suggéré la construction d'un musée ou d'un mémorial, au moins d'un monument national où des associations puissent se recueillir à une date choisie[1]. Quelle forme aurait ce musée ? Qu'y verrait-on ? La grande majorité des images sur la traite et l'esclavage ont été produites par les abolitionnistes européens. Il est évident que l'analyse de ce discours visuel permettrait de revenir sur la manière dont les artistes européens ont représenté le commerce d'êtres humains et la responsabilité de l'Europe[2]. Mais comment fera-t-on « voir » la vie des esclaves ? Comment pourra-t-on restituer la singularité de leur expérience ? Comment travailler à cette restitution sur la base de simples traces et de fragments ? Ces questions sont essentielles. L'exemple du musée maritime de Greenwich, avec ses expositions et ses programmes éducatifs consacrés à la traite négrière et à l'esclavage, montre combien il est difficile de concilier les demandes de publics divers – ceux qui pensent que la traite et l'esclavage n'ont rien à faire dans un musée maritime ; ceux qui réclament une plus grande présence de cette histoire ; ceux qui pensent que ce n'est pas à un musée de faire l'histoire de la traite et de l'esclavage[3]...

---

1. Voir le projet à Bordeaux d'un mémorial par l'association Diver-Cités sur www.alterites.com, et à Nantes, d'un mémorial commandé par la mairie à l'artiste Krzystof Wodiczko www.nantes.fr/mairie.

2. Le Comité pour la mémoire de l'esclavage (CPME) a demandé dans son rapport à la Direction des Musées de France un inventaire des objets relatifs à la traite, l'esclavage et leurs abolitions qui y a répondu favorablement. Un questionnaire a été établi et envoyé en 2005 Les résultats seront analysés et publiés sur le site du CPME et de la DMF.

3. www.nmm.ac.uk/freedom. Ressource en ligne qui couvre les thèmes suivants : le triangle transatlantique, oppression et survie, résis-

L'ouverture d'une aile consacrée à la traite et l'esclavage au musée de Nantes permettra de voir comment ces questions auront été résolues en France.

Il paraît logique d'ériger un monument national à la mémoire des esclaves. L'être humain a besoin de lieux où se recueillir et honorer ceux qui ont disparu. Régine Robin suggère que les monuments (dédiés aux crimes) « transmettent quelque chose du passé dans son illisibilité, non dans son inexplicabilité[1] ». Le monument inscrit une présence en l'évoquant, sans chercher à la représenter dans son intégralité.

Quelle que soit la forme que prendra la commémoration – mémorial, musée ou monument –, toute initiative dans ce sens de même que tout programme éducatif sur la traite et l'esclavage dans le monde colonial français, devra être alimentée par la recherche, à condition qu'elle soit réalisée dans une perspective comparée et s'inscrive dans le présent, toujours attentive aux formes contemporaines de leur évocation. Aussi faut-il s'attacher à développer tous les supports d'accès à la connaissance. La diffusion du téléfilm *Roots* aux États-Unis est exemplaire : elle eut un impact profond, encouragea la recherche, le désir d'en savoir plus, de comprendre, et de donner aux relations avec le continent africain une nouvelle dimension.

---

tance, abolition et impact. Le visiteur peut créer son propre musée. On remarque inévitablement l'approche européenne des thèmes et des images. Communication personnelle avec Robert J. Blyth, Curator, National Maritime Museum, Greenwich.

1. Cité par Enzo TRAVERSO, *Le Passé, modes d'emploi. Histoire, mémoire, politique*, Paris, La Fabrique, 2005.

Ces recherches auront une dimension méthodologique indispensable, s'interrogeant sur la forme que doit prendre l'étude des relations entre république et colonialisme, entre démocratie et différence culturelle, entre république et situation post-coloniale. Elles devront tenir compte des sources d'information, « porteuses de caractéristiques diverses » et qui jouent un « rôle important », puisqu'elles « rivalisent avec le livre et contraignent progressivement la recherche historique à modifier ses façons d'affronter un sens commun historique qui s'est lui-même radicalement transformé [1] ». La portée de ces recherches sera enfin politique, car revenir sur l'histoire de la traite négrière, de l'esclavage et de leurs abolitions, sur les expressions culturelles qui en découlent, ainsi que sur leurs conséquences idéologiques, économiques et politiques participe du processus démocratique. C'est pourquoi il faut écouter les petites voix *(small voices)* que le récit national a cherché à submerger.

---

1. Giovanni LEVI, « Le passé lointain. Sur l'usage politique de l'histoire », in François HARTOG et Jacques REVEL (éd.), *Les Usages politiques du passé*, Paris, Éditions de l'École des hautes études en sciences sociales, 2001, pp. 25-38, p. 29.

III.

La mémoire de l'esclavage et la loi

« Notre histoire n'est pas plus violente que celle des peuples africains ou arabes...

L'esclavage en Afrique ne fut pas inventé par les Européens, et il demeure encore dans certains pays africains ou arabes... La couleur de la peau ne différencie pas un homme d'un autre homme. C'est son humanité qui le marque. Nous devons rechercher cette humanité.

La France la propose plus qu'aucun autre pays. »

« Courrier des lecteurs »,
Le Monde, 20 décembre 2005

C'est une opinion largement partagée en France : pourquoi la France serait-elle désignée par la loi comme puissance esclavagiste alors que tant d'autres peuples ont pratiqué traite et esclavage, et que l'Europe et la France les ont, elles, abolis ? Pourquoi ce deux poids, deux mesures ? Cette opinion, qui n'est pas sans fondement, repose cependant sur l'ignorance du rôle central de la traite et de l'esclavage dans la pensée française et de la manière dont la France s'est construite au cours des siècles avec ses colonies. Ce n'est pas que l'esclavage dans les colonies françaises ait été pire qu'ailleurs, mais il était en contradiction flagrante avec des principes affirmés comme universels. Comment assumer cette responsabilité ? L'historien Ali Mazrui, qui fut membre d'un comité de personnalités chargé d'imaginer des formes de réparations possibles pour la ponction exercée par la traite sur le continent africain, suggère de distinguer entre culpabilité et responsabilité. La culpabilité ne se transmet pas de génération en génération, mais les droits et les responsabilités se transmettent : « Si les Américains du XXᵉ et du XXIᵉ siècle se disent héritiers des valeurs intellectuelles et morales des *Founding Fathers* [des pères fondateurs], ne devraient-ils pas aussi accepter leur dette morale[1] ? » Cantonnée au niveau de l'abstraction, cette question n'est guère controversée, comme le note Elazar Barkan dans son livre remarquable sur les injustices historiques, et pourtant elle n'a reçu aucune réponse. Remarquons que, loin de prétendre innocenter Africains et Arabes de la traite, Mazrui les intègre au contraire dans son analyse.

Responsabilité n'est donc pas culpabilité. Le but est de reconnaître une injustice historique. Les considérations morales ne suffisent pas. L'intégration dans le récit national doit s'accompagner de mesures de justice et notamment de la redistribution de richesses pour limiter les inégalités. Il

---

1. Ali A. MAZRUI, « Who Should Pay for Slavery ? », *World Press Review*, 1993, 40/8, p. 22. In Elazar BARKAN, *The Guilt of Nations. Restitution and Negotiating Historical Injustices*, New York, W.W. Norton and Company, 2000, p. 302. Sous la direction de Moshood K.O. Abiola, leader nigérien et propriétaire d'un empire de presse, le comité réunissait Miriam Makeba, chanteuse sud-africaine, Ali Mazrui, historien, Aristides Pereira, ancien président du Cap Vert, Ronald Dellums, ancien élu au Congrès américain, et Rex Nettleford, chercheur jamaïcain.

s'agit de poursuivre le processus de démocratisation, et non pas de satisfaire des demandes communautaires. L'exercice requiert d'interroger à la fois le récit républicain autiste et le récit instrumentalisé. Mais il fallait d'abord briser le silence. La proposition de loi reconnaissant la traite négrière et l'esclavage comme crimes contre l'humanité émanait de groupes, de chercheurs et d'élus qui avaient pris la mesure de ce silence.

LA LOI DU 10 MAI 2001

Le 10 mai 2001, une loi est adoptée à l'unanimité en seconde lecture au Sénat « tendant à la reconnaissance de la traite et de l'esclavage en tant que "crimes contre l'humanité" ». Elle ne suscita alors aucune protestation ; elle ne fut pas davantage matière à débats dans l'opinion publique. Un de ses articles préconisait la création d'un « comité de personnalités qualifiées, parmi lesquelles des représentants d'associations défendant la mémoire des esclaves », dont la mission était de « proposer, sur l'ensemble du territoire national, des lieux et des actions qui garantissent la pérennité de la mémoire de ce crime à travers les générations[1] » et de « proposer au Premier ministre la date de la commémoration annuelle, en France métropolitaine, de l'abolition de l'esclavage, après avoir procédé à la consultation la plus large. L'identification des lieux de célébration et de mémoire sur l'ensemble du territoire national ; et des actions de sensibilisation du public. Il [le Comité] a

---

1. Loi du 21 mai 2001, http ://admi.net.

également pour mission de proposer aux ministres chargés de l'Éducation nationale, de l'Enseignement supérieur et de la Recherche des mesures d'adaptation des programmes d'enseignement scolaire, des actions de sensibilisation dans les établissements scolaires et de suggérer des programmes de recherche en histoire et dans les autres sciences humaines dans le domaine de la traite ou de l'esclavage[1] ». Un premier comité fut mis en place par le gouvernement de Lionel Jospin, qui cependant ne fit pas les démarches nécessaires auprès du Conseil d'État pour qu'il entérine son choix ; aussi, après les élections présidentielles, le nouveau gouvernement nomma un nouveau « comité pour la mémoire de l'esclavage » (CPME). Le décret fut pris en janvier 2004, et le comité fut institué en avril 2004. Un an plus tard, le 12 avril 2005, il remettait son rapport au Premier ministre, dans lequel il faisait des propositions pour tous les domaines concernés. Les médias parlèrent de ce rapport et de la proposition du CPME de faire du 10 mai la date de commémoration annuelle de la mémoire de l'esclavage.

On n'avait jamais autant parlé de l'esclavage. Les articles montraient souvent une connaissance très vague de ces questions, et les membres du CPME furent largement mis à contribution pour fournir les éléments permettant de comprendre pourquoi traite et esclavage devenaient soudain des enjeux contemporains de première importance. On ignorait souvent que Napoléon avait rétabli l'esclavage en mai 1802 ; on voulait savoir ce que les manuels scolaires disaient ; on comprenait mal pourquoi le système esclavagiste avait duré

---

1. Décret du 6 janvier 2004.

si longtemps ; on se demandait ce qu'il en était des révoltes des esclaves. Les médias offrirent une place conséquente, compte tenu du silence qui existait jusqu'alors, à des débats sur ces questions. La loi dite loi Taubira avait fini par atteindre un de ses buts : celui d'amorcer un débat public sur les mémoires de la traite, de l'esclavage et de leurs abolitions.

Dans leur rapport, les membres du CPME font bien la distinction entre mémoire et histoire, soulignent le besoin urgent d'une recherche comparative, européenne et internationale, signalent le caractère fortement territorialisé des mémoires et insistent sur la nécessité d'entreprendre le travail de construction d'un récit partagé. Ils ne cessent de rappeler que cette histoire, c'est l'histoire de la France, et non pas celle de communautés, puisque c'est la France qui participa au commerce d'êtres humains et qui pratiqua l'esclavage dans ses colonies. Dans ces conditions, comment ne pas être surpris des réactions hostiles à cette loi qui se font connaître dans les médias et par voie de pétition fin 2005 ? À en croire ses détracteurs, cette loi ouvrirait la porte à tous les excès ; elle se situerait dans une concurrence des mémoires ; elle favoriserait le communautarisme ; en ne nommant que la traite française, elle absoudrait Africains et « musulmans » qui organisèrent des traites bien plus meurtrières... Or, parmi les lois dites mémorielles [1], ce fut la seule loi qui demandait la création d'un comité, c'est-à-dire qui confiait à un groupe d'experts le soin de développer les

---

1. L'expression « lois mémorielles » désigne la loi Gayssot (1990), la loi sur le génocide arménien (2000), la loi Taubira (2001) et la loi du 23 février 2005.

articles de la loi. Ainsi, le comité serait chargé de d'élaborer des propositions dans le cadre de l'article 2, tant décrié, qui conseillait de donner à ces thèmes la place qu'ils méritent dans les manuels scolaires, en consultant les éditeurs et les inspecteurs de l'Éducation nationale... La loi se dotait de fait d'un comité de proposition.

Pour expliquer pourquoi cette loi votée à l'unanimité n'a pas fait depuis son adoption l'objet de débat public et pourquoi un mouvement s'est constitué quatre ans plus tard pour demander son abrogation, je propose de revenir d'abord sur sa genèse et sur les termes du débat parlementaire.

La loi Taubira est le point d'aboutissement de presque quatre années de débats parlementaires, la première proposition de loi autour de la mémoire de l'esclavage ayant été déposée en février 1998. Les personnes originaires d'outre-mer organisent une célébration à l'occasion du vote de cette loi. Elles s'étaient déjà battues pour obtenir un jour férié célébrant la date de la fin de l'esclavage dans chacun des territoires. Le gouvernement prit en 1983 un décret en ce sens [1], qui prévoyait « en outre, que le 27 avril de chaque année ou, à défaut, le jour le plus proche, une heure devra être consacrée [à l'abolition de l'esclavage] dans toutes les écoles primaires, les collèges et les lycées ». Cette dernière mesure fut peu appliquée ; mais il y eut, désormais, dans chaque DOM, un jour férié pour célébrer la liberté. Pour l'opinion française, toutes ces luttes, toutes ces décisions restèrent associées à « l'outre-mer ».

---

1. Décret, *JO*, n° 83-1003, 23 novembre 1983, p. 3407.

En 1998, le gouvernement français décide de célébrer avec faste le cent cinquantième anniversaire de l'abolition de l'esclavage dans les colonies françaises. Manifestations, colloques, défilés, conférences, se succèdent en France hexagonale et dans les départements d'outre-mer. Pour le gouvernement, célébrer l'abolition, c'est célébrer la France républicaine, celle des droits de l'homme et du citoyen, minorer le rôle et la responsabilité de la France dans la traite et l'esclavage, et passer sous silence la difficile histoire de l'abolition. D'outre-mer s'élèvent alors des voix contre cette lecture étroite de l'histoire. Pour autant, dans les DOM, cette célébration revigore la recherche universitaire et les démarches associatives, dont les initiatives sont nombreuses. Un inventaire des « lieux de mémoire » s'engage ; on rebaptise des noms de rue ; on crée des spectacles et des festivals ; des artistes proposent une interprétation contemporaine du passé. La mémoire de l'esclavage s'affirme dans l'espace public, d'une manière autrement plus complexe qu'à l'époque des premières initiatives, dans les années 1960.

En Martinique, un « Comité Devoir de Mémoire » se constitue, avec pour objectif de « faire reconnaître, par l'ensemble des nations, la traite négrière et l'esclavage qui s'en est suivi comme crime contre l'humanité[1]. » Cela est nécessaire parce qu'il y a eu « crime. Parce que jamais justice n'a été rendue, et que le crime sans justice est la négation du droit, la négation de l'homme dès lors qu'il n'y a pas

---

1. Myriam COTTIAS, « Durban, loi Taubira, Haïti : comment réparer le passé esclavagiste ? », in *Fête de la francophonie, 2004*, Tokyo, Société japonaise de didactique du français, 2004, pp. 12-19, p. 16.

eu de place pour le pardon[1] ». Les attendus de ce comité renvoient au vocabulaire transnational sur le crime et les politiques du pardon. Ils ne se distinguent donc pas des autres demandes, ceux des Hawaïens, des Aborigènes, des Japonais-Américains, des peuples maoris... de tous ceux qui, dans le monde, dans la seconde moitié du XXe siècle, se posent la question des injustices historiques et de leurs réparations.

C'est dans le contexte d'une révision de l'histoire, de sa réappropriation par les populations issues de l'esclavage, des années 1960 aux années 1990, que des propositions de loi sont déposées autour de la mémoire de l'esclavage. Le 31 mars 1998, des élus du groupe communiste à l'Assemblée nationale présentent une proposition de loi « relative à la célébration de l'abolition de l'esclavage en France métropolitaine ». Ils affirment qu'une date spéciale est nécessaire ; car, « aux yeux de l'Histoire », on ne peut « soutenir que la célébration de la Déclaration des droits de l'homme suffi[se] à commémorer l'abolition de l'esclavage. Il faut une initiative distincte et la journée que le groupe communiste propose d'instituer pourrait répondre à cette préoccupation[2] ». Le 7 juillet, des élus communistes déposent une nouvelle proposition tendant à « perpétuer le souvenir du drame de l'esclavage. » L'exposé des motifs exprime la volonté de « donner une vision claire de ce que fut la traite, du commerce triangulaire, de son fonctionnement en système, de son indicible cruauté et surtout de

---

1. *Ibid.*
2. Archives de l'Assemblée nationale, n°. 792.

l'ampleur inestimable de la prédation avec les effets à très long terme qu'a représentée pour tout un continent cette ponction de ressources humaines à grande échelle quatre siècles durant ».

Cette proposition suggère qu'un « mémorial perpétuant la mémoire de la tragédie de l'esclavage [soit] édifié dans un haut lieu où il a sévi. Ce monument sera l'œuvre d'artistes d'outre-mer, d'Afrique et de France métropolitaine, rassemblant ainsi symboliquement des hommes originaires des pays concernés par cette histoire ». Les élus recommandent la création d'un « musée évoquant l'esclavage en France, dans toutes ses dimensions ». Le 22 décembre 1998, c'est au tour de trois députés communistes de La Réunion de déposer une proposition de loi qui porte un article unique : « La République française proclame que la traite et l'esclavage, perpétrés du XVIᵉ au XIXᵉ siècle contre les populations africaines, malgaches et indiennes déportées aux Amériques et à La Réunion (île Bourbon), constituent un crime contre l'humanité [1]. » Ils justifient l'adoption de la notion de crime contre l'humanité en ces termes : « L'horreur et l'ampleur des crimes commis lors de la Seconde Guerre mondiale ont donné naissance à la notion de crime contre l'humanité, qui fut consacrée en droit à l'occasion du procès de Nuremberg. La déportation massive, la réduction en esclavage et le traitement inhumain d'hommes et de femmes à raison de leur race, de leur croyance philosophique, religieuse ou politique constituent, au sens du droit international public, un crime contre l'humanité et déclaré comme tel

---

1. Archives de l'Assemblée nationale, n° 1302.

imprescriptible. L'élaboration actuelle du droit international public et la volonté affichée des États de partager des valeurs communes fondées sur le respect des droits humains font de la reconnaissance et de la sanction du crime contre l'humanité un élément essentiel du caractère civilisé des nations. Au moment où les anciennes colonies françaises célèbrent le cent cinquantième anniversaire de l'abolition de l'esclavage, il est essentiel qu'au-delà des hommages officiels, la Nation s'interroge sur le jugement qu'elle doit porter sur cette page sombre de l'histoire. » Toutes ces propositions envisagent chaque fois l'aspect symbolique et culturel, et les exposés des motifs font tous appel à la notion de « crimes contre l'humanité ».

Lors des débats à l'Assemblée nationale, entre 1998 et 2001, les députés se montrent sensibles à la nécessité de faire connaître cette histoire aux Français pour qu'ils puissent se l'approprier comme partie intégrante de l'histoire nationale. Ils estiment que la loi devrait servir de déclencheur, puisque rien auparavant n'a su sensibiliser la nation à ces questions. L'indifférence, l'ignorance persistent. Les métropolitains peuvent continuer à aller travailler dans les DOM sans se sentir obligés d'avoir à apprendre deux ou trois choses sur ces sociétés où ils vont séjourner, à court ou à long terme. Les élus jugent qu'on ne peut pas continuer à ignorer les demandes des citoyens des sociétés post-esclavagistes.

Finalement, une nouvelle proposition de loi est déposée ; elle sera discutée en commission et débouchera sur la loi de 2001. Son rapporteur, Christiane Taubira, députée de la Guyane, annonce qu'elle reprend les propositions faites précédemment, puis elle souligne que l'article 1ᵉʳ vise les faits précis et localisés que sont la traite négrière transatlantique et l'esclavage perpétrés à partir du XVᵉ siècle contre les populations africaines. Les autres articles déclinent un certain nombre de recommandations : encourager la transmission du savoir à travers l'enseignement et la recherche ; inciter la France à obtenir, auprès des organisations internationales, la qualification de ces faits comme crime contre l'humanité ; fixer une date de commémoration pour célébrer l'abolition de la traite négrière par le congrès de Vienne ; instaurer un comité de personnalités qualifiées chargé de définir les modalités des éventuelles réparations ; et, enfin, étendre les dispositions de la loi « Gayssot » au profit de la traite négrière et de l'esclavage.

La proposition de loi ne fait pas aussitôt l'unanimité, notamment autour de la qualification de crime contre l'humanité : le 10 février 1999, à la Commission des lois, des députés disent leur étonnement et affirment qu'il n'est pas besoin de préciser à nouveau, dans une loi, cette qualification puisque le code pénal reconnaît déjà l'esclavage comme crime contre l'humanité. Quant aux manuels scolaires, certains estiment que, « s'il était choquant que l'histoire de l'esclavage [y] soit si peu présente, il ne fallait pas pour autant refaire l'histoire par l'intermédiaire d'un texte de loi ». Mais tous sont finalement convaincus que la loi fera œuvre de pédagogie dans un pays qui reste ignorant d'une histoire qui le concerne ; et finalement, lors des débats en 1998 et 1999, peu d'amendements seront apportés au texte initial. Le seul point sensible est celui des réparations. Le mot ne doit pas apparaître, car les élus, de gauche comme de droite, craignent que cela n'ouvre la porte à des dérives.

Le 16 février, Christiane Taubira fait son rapport final devant la commission. Elle retrace la longue histoire de la traite, de l'esclavage et de leurs abolitions, et conclut en reprenant chaque article de la loi. Le 18 février, elle présente son rapport devant l'Assemblée nationale. Le Garde des Sceaux, Élisabeth Guigou, déclare dans sa réponse : « La proposition de loi qui vous est soumise aujourd'hui ne comporte pas d'innovation juridique, mais elle apporte une dimension symbolique forte à la condamnation de l'esclavage. C'est pourquoi le Gouvernement y apporte son adhésion. » Sur l'article 5 qui permet « aux associations de défense de la mémoire des esclaves le droit de se constituer partie civile en cas d'injures ou de diffamations racistes ou de provocations à la discrimination, à la haine ou à la violence raciste », le Garde des Sceaux estime que « cette modification est bienvenue car, outre ses conséquences pratiques, elle rappelle clairement que le racisme, entendu comme la certitude aveugle et imbécile qu'il existe des races supérieures autorisées à dominer des races inférieures, est à l'origine de l'esclavage ». Mais elle reste très ferme sur la question des réparations. D'une seule voix, avec le secrétaire d'État à l'outre-mer, elle affirme que « le gouvernement ne peut se situer dans une perspective d'indemnisation qui, en pratique, serait impossible à organiser » et qu'il faut renoncer à parler de réparation parce que « l'indemnisation et la réparation posent des problèmes très complexes ». Gilbert Gantier, du groupe Démocratie libérale, fait part de ses hésitations : « Il était donc inutile, contrairement à ce que prévoit la proposition de loi, de déclarer la traite négrière crime contre l'humanité et d'introduire une requête visant à faire reconnaître la traite négrière transatlantique comme un crime contre l'humanité par les instances internationales, puisque les Nations unies sont déjà saisies de ce problème. » Plusieurs fois interrompu par des exclamations, il explique son opposition par la crainte de voir « l'instauration d'une certaine histoire officielle qui, loin d'approfondir l'étude de cette période, la figera au niveau des connaissances actuelles ». Quelques élus critiquent la proposition de loi pour sa demande de « repentance ». Le terme est lancé. Bien que le rapporteur n'ait parlé ni de repentir ni d'excuses, le soupçon existe. La ligne de partage ne se situe pas entre gauche et droite, mais entre ceux qui voient dans ce projet de loi la porte ouverte à la « repentance » et « l'histoire officielle », et ceux qui y voient un acte symbolique nécessaire. Au nom du groupe RPR, Anicet Turinay rappelle qu'il faut que « cesse la politique de l'oubli ». Renaud Donnedieu de Vabres déclare pour l'UDF : « L'émergence des faits, c'est évidemment essentiel et capital. Ce n'est pas le procès de la France. C'est un appel à la conscience universelle que nous faisons aujourd'hui pour que, jour après jour, le droit international, le respect des droits de l'homme progressent partout dans le monde. » Le 18 février 1999, la proposition de loi tendant à reconnaître la traite et l'esclavage en tant que crime contre l'humanité est examinée et adoptée à l'unanimité en première lecture.

La proposition passe alors devant le Sénat qui y fait des amendements, quelques sénateurs mettant en cause le caractère réglementaire de certains articles et critiquant pour leur redondance des articles de la loi qui ne feraient que redire ce qui existe déjà ailleurs. La proposition revient alors en deuxième lecture devant l'assemblée le 6 avril 2000 : les parlementaires rejettent les amendements proposés et renvoient le texte qu'ils avaient adopté. Les sénateurs se laissent alors convaincre, et la proposition de loi est adoptée au Sénat en seconde lecture le 10 mai 2001. Rien dans les débats, que ce soit à l'Assemblée ou au Sénat, ne révèle la peur que cette loi puisse servir des buts anti-démocratiques. Certes, le concept de « repentance » est critiqué, comme sont évoquées aussi les traites africaines et orientales, mais le principe même d'une loi reconnaissant la traite négrière et l'esclavage du XVe au XIXe siècle comme crime contre l'humanité est adopté à l'unanimité. Les interventions démontrent une connaissance assez poussée de l'histoire de la traite et de l'esclavage. Pendant les débats, les élus d'outre-mer font preuve d'une meilleure connaissance des mondes esclavagistes, et ceux de la France hexagonale des débats européens sur l'abolition de l'esclavage, mais tous font appel à l'histoire pour légitimer la proposition de loi. Il faut noter l'évolution des propositions, la première proposition de 1998 étant purement déclarative, alors que celle qui sera discutée et adoptée ajoute des articles de recommandation ; en outre, son article 5 permet aux associations de « défendre la mémoire des esclaves et l'honneur de leurs descendants » en justice.

L'adoption de la loi, je l'ai dit, provoque peu de réactions en 2001. De nouveau, l'étude des sites et des dossiers est éclairante. Elle montre comment peu à peu la confusion s'installe, dès lors que tout s'entremêle : les déclarations de Dieudonné, les poursuites contre Olivier Pétré-Grenouilleau, la pétition des « Indigènes de la République », la visibilité médiatique d'une « communauté noire » avec la création du Conseil représentatif d'associations noires (CRAN), les émeutes des banlieues, la « crise de l'intégration », l'évaluation de la colonisation, sans compter des explications culturalistes données aux tensions sociales : la polygamie, la tradition, l'arriération...

Mais c'est le débat autour de l'abrogation de l'article 4 de la loi du 23 février 2005 qui éclaire d'un jour nouveau les attaques contre la loi Taubira. Avant que la pétition « Liberté pour l'histoire » ne regroupe sous l'expression « lois mémorielles » la loi Gayssot (1990), la loi sur le génocide arménien (2000), la loi Taubira (2001) et la loi du 23 février 2005, et ne demande leur abrogation, une première mobilisation contre la loi Taubira s'organise en réaction à la pétition des historiens contre la loi du 23 février 2005. Cette pétition, lancée le 10 mars 2005 par les historiens Claude Liauzu et Thierry Le Bars, attire l'attention de l'opinion notamment sur l'article 4 qui préconise que « les manuels scolaires reconnaissent en particulier le rôle positif de la présence française outre-mer, notamment en Afrique du Nord »[1]. Les pétitionnaires demandent son abrogation. La pétition reçoit rapidement plusieurs milliers de signatures. Le débat est lancé sur une loi adoptée à l'unanimité par des élus dont on aurait pu attendre plus de vigilance. Mais tous les historiens ne sont pas d'accord.

---

1. Sur cette affaire, voir le livre très détaillé, *La Colonisation, la loi, l'histoire*, sous la dir. de Claude Liauzu et Gilles Manceron, Préface d'Henri Leclerc, Paris, Éd. Syllepse, 2006.

Dans un texte adressé à la Ligue des Droits de l'Homme le 27 mars 2005, Guy Pervillé présente et explicite ses objections contre la pétition : « Cette loi sur la mémoire n'est pas la première du genre, et son article 4 est littéralement calqué sur l'article 2 de la loi du 21 mai 2001 (Loi Taubira)[1]. » La loi Taubira, poursuit Pervillé, « officialise une vision de l'histoire qui n'est pas moins tronquée que celle qui est prônée par la seconde. » L'occultation opérée par la loi Taubira des « traites africaines et musulmanes facilite les dérives ou manipulations idéologiques dont nous voyons plusieurs exemples inquiétants (Dieudonné, les Indigènes de la République). » Loi et vérité historique ne font pas bon ménage, souligne-t-il. Gilles Manceron, historien, rédacteur en chef de *Hommes et Libertés*, revue de la Ligue des droits de l'homme, répond à Pervillé et conteste la critique qu'il fait de l'article 1 de la loi Taubira, car « chaque pays a une responsabilité particulière à s'interroger sur sa propre histoire qui modèle en partie son présent. » La loi Taubira ne « dicte nulle vérité officielle[2] ». Les critiques de Pervillé ont cependant un écho. Les deux lois sont rapidement mises en parallèle. Alain-Gérard Slama dans *Le Figaro* du 18 avril 2005 remarque : « Aucun de ceux qui viennent de condamner la loi du 23 février 2005 avec tant d'éclat n'avait en effet protesté contre la loi Taubira... Or cette loi instaurait elle aussi une "histoire officielle". » A.-G. Slama fait, à son tour, un parallèle entre l'article 2 de la loi Taubira et l'article 4 de la loi du 23 février 2005.

---

1. www.ldh-toulon.net/article.php3.
2. www.ldh-toulon.net.

Mais pour d'autres, c'est le simple fait de remettre en cause la France qui est irrecevable. Il est « inadmissible que la France qui a été longtemps le seul pays du monde dont le sol affranchissait tout esclave qui y parvenait, qui a aboli l'esclavage avant la plupart des grandes puissances, qui a été victime de l'esclavage des personnes trouvées par les pirates barbaresques à bord de navires ou enlevées sur les côtes de la Méditerranée, où le nombre des négriers et bénéficiaires de la traite négrière a été plus faible que dans la plupart des autres pays, ceux-ci n'ayant d'ailleurs acheté que des esclaves vendus par leurs propres compatriotes ou par des marchands arabes, soit considérée comme étant seule ou presque responsable de cette monstruosité qu'est l'esclavage, où elle a eu, certes, une part, mais une part relativement faible [1] ». Pour Paul Thibaud, initiateur de la pétition « Liberté de débattre » (24 décembre 2005), la différence entre loi Taubira et loi du 23 février 2005 ne tient pas, la loi Taubira étant même plus pernicieuse : « On a voulu marquer une différence en disant que "Taubira" se contente de réclamer que les programmes et la recherche accordent à la traite et à l'esclavage "la place qu'ils méritent", alors que la loi "Vanneste" qualifie de manière partiellement favorable la colonisation. C'est oublier que la loi Taubira est une loi de stigmatisation et que si elle réclame que l'on parle davantage de certains c'est pour évidemment (et légitimement) pour qu'on n'en dise que du mal, puisque, dans l'art. 1, ils ont été qualifiés de "crimes contre l'humanité". En fait, la loi Taubira est plus clairement et unilatéralement

---

1. Blog de Patrick Devedjian.

que l'amendement Vanneste une loi qualifiant des événements [1]. » Le danger : ces lois « tendent explicitement ou non (c'est explicite – art. 5 – dans la loi Taubira) la perche aux associations mémorielles en les incitant à agir pour faire respecter les qualifications dont elles ont obtenu la légalisation. Elles leur donnent la possibilité et l'occasion pour cela d'agir en justice, avec un activisme dont on voit les débordements. » Le manque d'objectifs politiques explique ces dérives, selon P. Thibauld : on s'accroche à la mémoire, car c'est le seul combat qui reste.

Fait positif et paradoxal, car la confusion règne, la controverse sur la loi du 23 février 2005 a pour effet que l'opinion publique s'intéresse à la loi Taubira. Gilles Manceron fait remarquer que la notion de crime contre l'humanité n'est pas une qualification pénale, mais politique et morale : elle ne peut donc être utilisée pour faire des procès à des personnes disparues il y a des siècles. Dans un communiqué de presse du 22 avril 2005, Christiane Taubira s'inquiète de voir l'esprit de sa loi associée à celui de la loi de février. Le loi ne fait aucune injonction sur la manière d'enseigner la traite et l'esclavage, elle demande simplement que lui soit donnée une « place conséquente ». Mais plusieurs historiens restent sceptiques. Ils rejettent à la fois la loi et le discours « victimisant » qu'elle légitimerait. Ainsi l'historien Gilbert Meynier fustige-t-il dans un article du *Monde* « le discours victimisant » qui « permet commodément de mettre le mouchoir sur tant d'autres ignominies, actuelles ou anciennes [2] ».

---

1. www.communautarisme.net.
2. *Le Monde*, 12 mai 2005.

Et de citer les traites où les « trafiquants arabes se sont taillé la part du lion ». Les mémoires ne sont, pour l'historien, « que des documents historiques à traiter comme tels ». Gérard Noiriel, pour sa part, reconnaît à l'État le droit de s'occuper de mémoire, et donc de commémoration, mais pas de légiférer sur la recherche.

La remise du rapport du CPME le 12 avril 2005 n'a, je l'ai dit, aucun effet sur les historiens mobilisés contre la loi Taubira. La polémique se poursuit. Aux « Rendez-Vous de l'Histoire » qui se tiennent tous les ans à Blois, la pétition contre la loi de février 2005 est proposée à signature aux milliers d'enseignants d'histoire présents. Une table ronde sur « La France malade de son passé colonial » fait apparaître les clivages maintenant familiers entre ceux qui s'insurgent contre la victimisation, ceux qui affirment qu'il faut en parler et ceux qui redoutent le développement d'une concurrence mémorielle. Quant à ceux qui trouvent qu'il serait excessif de rédiger un « livre noir de la colonisation », car il y a eu des routes, des ponts, et des écoles, ils sont, à ma grande surprise, plus nombreux que je ne l'aurais pensé. Force est de constater que deux discours s'énoncent parallèlement – et je ne parlerai pas ici du discours apologétique ou nostalgique. L'un analyse les traces dans le présent de l'histoire esclavagiste et coloniale : il revient sur l'approbation au moins tacite de la majorité de la population française, « l'absence de remise en cause *a priori* par l'opinion publique du discours officiel qui était massivement diffusé sous la IIIᵉ République par les institutions et par l'école sur l'œuvre pacifique et civilisatrice aux colonies[1] ». Ces chercheurs s'efforcent d'analyser les différentes modalités de cette approbation du colonialisme, entre adhésion passive, indifférence et parfois fierté d'avoir un empire colonial, mais ils essaient aussi de comprendre les alliances et les oppositions. Ils s'interrogent sur le grand absent des manuels scolaires, des romans et du cinéma colonial, à savoir l'indigène. Certains, les moins nombreux, étudient la relation entre esclavage et colonisation.

L'autre discours s'irrite de voir des groupes s'emparer de l'histoire et les soupçonne de la prendre en otage pour satisfaire leurs intérêts particuliers. Les chercheurs s'inquiètent du « déferlement de la mémoire[2] ». Max Gallo s'indigne : « Pour l'historien, il n'est pas admissible que la représentation nationale dicte l'histoire correcte, celle qui doit être enseignée. Trop de lois déjà – bien intentionnées – ont caractérisé tel ou tel événement historique. Et ce sont les tribunaux qui tranchent. Le juge est ainsi conduit à dire l'histoire en fonction de la loi. Mais l'historien, lui, a pour mission de dire l'histoire en fonction des faits[3]. » Lors d'un forum de discussion à Sciences-Po, un groupe d'historiens revient sur les incidents qui ont eu lieu au début de l'été, déclenchées par le collectif DOM-TOM qui protestait contre l'attribution du prix d'histoire du Sénat à Olivier Pétré-Grenouilleau.

Revenons brièvement sur cette affaire. Auteur d'un

---

1. Gilles MANCERON, « Cent ans de solitude », *Histoire et Patrimoine*, 2005, 3, pp. 90-95, p. 90.
2. Jean-Pierre AZÉMA, « Quand la loi édicte une vérité officielle, nous disons "non" », *Libération*, 21 décembre 2005, pp. 7-8.
3. *Le Figaro*, 30 novembre 2005.

livre publié chez Gallimard sur *Les Traites négrières. Essai d'histoire globale*, Olivier Pétré-Grenouilleau est assigné en justice par le collectif DOM-TOM, mais pas pour les raisons qu'en donne Françoise Chandernagor[1]. Pour elle, ce serait « à la suite d'une interview où il résumait son ouvrage », et parce que ce collectif n'appréciait pas que l'historien fasse une histoire globale de la déportation des peuples africains en comparant les traites européennes, intra-africaines et orientales, « commerce dont des Africains étaient victimes et d'autres Africains les acteurs », qu'il aurait été assigné. Or l'objet de l'assignation porte sur les déclarations d'Olivier Pétré-Grenouilleau dans une interview accordée au *Journal du dimanche* le 12 juin 2005, en réponse à une question concernant l'antisémitisme de Dieudonné : « Cette accusation contre les Juifs, a-t-il déclaré, est née dans la communauté noire américaine des années 1970. Elle rebondit aujourd'hui en France. Cela dépasse le cas Dieudonné. C'est aussi le problème de la loi Taubira qui considère la traite des Noirs par les Européens comme un "crime contre l'humanité", incluant de ce fait une comparaison avec la Shoah. Les traites négrières ne sont pas des génocides. [...] Le génocide juif et la traite négrière sont des processus différents. Il n'y a pas d'échelle de Richter des souffrances. » Cette déclaration est fondée sur une approche manifestement erronée de la notion de « crime contre l'humanité ». Elle ne justifie pas pour autant l'assignation en justice. L'historien devient alors une cible

---

1. « Laissons les historiens faire leur métier ! Le débat de *L'Histoire* avec Françoise Chandernagor », *L'Histoire*, février 2006, 306, pp. 77-85, p. 78.

pour les fondamentalistes de la mémoire. Insulté, menacé, interdit de parole, il se retrouve, sans doute malgré lui, au centre d'une controverse de plus en plus violente. De manière surprenante, l'assignation en justice est ensuite acceptée par un juge qui, en la recevant, la légitime. Le débat est pris en otage. Olivier Pétré-Grenouilleau et sa maison d'édition organisent sa défense. La plainte a produit la colère : « Trop, c'est trop ! » Il faut abroger ces lois qui ouvrent la porte à tous les excès et autorisent à menacer, intimider, interdire. La loi est pour les uns une arme pour se défendre, pour d'autres un obstacle à la recherche.

C'est l'article 5 de la loi Taubira permettant aux associations de « défendre la mémoire des esclaves et l'honneur de leurs descendants », calqué sur la loi Gayssot, qui fait problème. Tous ces articles de loi qui parlent de défendre la mémoire et « l'honneur » ont personnalisé le débat, transformant en gardiens du Temple des associations ou des individus.

La plainte déposée en justice contre Olivier Pétré-Grenouilleau était inacceptable. Elle sera heureusement retirée début 2006. Le débat critique sur l'ouvrage de Pétré-Grenouilleau est devenu impossible : d'un côté, des groupes qui se promettaient de l'interrompre, de l'autre, des historiens qui faisaient corps. Où pouvait se tenir le débat contradictoire ?

Des historiens, inquiets de voir, disent-ils, une « mécanique » se lancer, décident de réagir et de se regrouper. Les « groupes de mémoire », déclare l'historien Jean-Pierre Azéma, « qu'ils soient juifs, arméniens, descendants d'esclaves ou de colonisés, pieds-noirs ou harkis le savent bien. C'est une stratégie de communication : la mémoire meurtrie s'entretient à coups de procès, et ce sont souvent les historiens qui en font les frais [1] ». Le 9 décembre, le chef de l'État déclare : « Dans la République, il n'y a pas d'histoire officielle. Ce n'est pas à la loi d'écrire l'Histoire. L'écriture de l'histoire, c'est l'affaire des historiens », et il demande au président de l'Assemblée nationale de constituer un comité de réflexion sur la meilleure manière de réviser cette loi [2]. Le 13 décembre 2005, des historiens lancent la pétition « Liberté pour l'histoire » contre les lois dites « mémorielles ». Elle trouve un écho chez de nombreux Français, qui vont dès lors faire porter à la loi Taubira la responsabilité des dérives.

L'association faite entre la loi Taubira et l'article 4 de la loi du 23 février jette le soupçon sur sa légitimité. L'annulation de l'article 4, demandée par le chef de l'État en février 2006, renforce la détermination des signataires : ils y voient leur victoire et n'en réclament que plus vigoureusement l'abrogation de la loi Taubira. Le 24 décembre, une pétition « Liberté de débattre », signée par des historiens, des philosophes et des journalistes, demande aussi l'abrogation des lois mémorielles.

Les quatre lois mémorielles ont entraîné une floraison

---

1. *Libération, op. cit.*, p. 8.

2. www.elysee.fr. Le 25 janvier 2006, le Président de la République déclare souhaiter que « le Conseil constitutionnel, saisi par le Premier ministre en application de l'article 37 alinéa 2 de la Constitution, puisse se prononcer sur le caractère réglementaire du deuxième alinéa de l'article 4 de la loi du 23 février 2005 en vue de sa suppression ». Ce qui sera fait.

de critiques, de souhaits et de remarques. Pourquoi un crime mériterait-il plus de place dans le récit national ? « Mais pourquoi la France nie-t-elle le génocide vendéen, premier en date dans l'histoire contemporaine, et pourquoi glorifie-t-elle ceux qui l'ont perpétré, notamment en laissant le nom de l'atroce tortionnaire Thurreau sur l'Arc de Triomphe de l'Étoile [1] ? » Sur le site www.ogres.com, Dieudonné se prononce, en tant que candidat aux élections présidentielles, pour « l'abrogation de toutes les lois qui veulent faire l'histoire à la place des historiens, des lois par lesquelles les politiciens d'aujourd'hui s'arrogent le droit de décider la réalité passée là où la réalité devrait s'imposer elle-même simplement par la révélation de la vérité. Légiférer sur l'histoire, c'est forcément fondé quelque part sur un mensonge ou une intention politique intéressée. » Et de poursuivre : « La loi Taubira était supposée déclencher des actions, il n'en a rien été depuis 5 ans. La loi Taubira n'a malheureusement servi à rien, c'étaient juste des mots [2]. » La loi Taubira n'a « apporté aucun changement concret, aucune réparation. Par "réparation", il n'est même pas question pour la plupart des Noirs de réclamer une indemnisation personnelle de descendants d'esclaves. Il s'agit en fait que la puissance publique consacre des moyens significatifs pour une prise de conscience par l'ensemble de l'opinion publique française, les moyens d'une compréhension partagée d'hier, pour un meilleur respect mutuel aujourd'hui. Aucune repentance n'est demandée

---

1. Blog de Patrick Devedjian, 20 décembre 2005.
2. www.ogres.com, 25 février 2005.

non plus. » Le philosophe Louis Sala-Molins est proche de cette position ; mais, s'il estime que cette loi a été vidée de sa substance, il lui reconnaît cependant une dimension symbolique[1]. Cette attaque rencontre un certain écho sur plusieurs sites consacrés à l'esclavage, la loi Taubira y étant jugée pas assez offensive.

En se fixant sur l'aspect juridique de la loi Taubira et sur l'opposition entre la mémoire et l'histoire, le débat a fait oublier que les problèmes conceptuels et pratiques posés par l'étude de la traite négrière et de l'esclavage influencent la nature même du débat et la teneur de la recherche sur ces thèmes. Comment étudier les archives pour faire apparaître de nouvelles choses ? Comment à la fois respecter les récits et en extraire une histoire ? Mais doit-on céder à la tentation de construire un récit homogène et unifiant ? Ne doit-on pas tenir les deux bouts : histoire éclatée et unique ? Le cadre essentiellement mémoriel incite des groupes à se définir comme directement porteurs de cette mémoire. Il s'agit aussi de promouvoir des mémoires que l'historiographie savante a marginalisées sinon occultées. La mémoire est devenue à juste titre objet de vigilance, mais elle risque d'être muséifiée, sacralisée, judiciarisée, banalisée et instrumentalisée. Au pays des archives détruites, des ruines recouvertes et des témoignages perdus, la mémoire tient lieu de monument. Or « le passé n'est pas libre. [...] Il est régi, géré, conservé, raconté, commémoré ou haï. Qu'il soit célébré ou occulté, il reste un enjeu fondamental du

---

1. Louis SALA-MOLINS, « Devoir de réparation ? La France ne veut rien savoir », www.ogres.com.

présent [1] ». La « mémoire empêchée », pour reprendre l'expression de Paul Ricœur, a créé un terrain où les enjeux sont l'expression de conflits actuels et expriment le désir pressant des originaires des sociétés anciennement esclavagistes de voir leur présence reconnue dans la République. Leur présence s'explique par ce passé qui a jeté leurs ancêtres sur des colonies françaises, qu'ils aient été arrachés à l'Afrique ou, dans le cas des engagés, arrachés à l'Asie.

PROBLÈMES PRATIQUES ET CONCEPTUELS

Les problèmes pratiques d'abord. Celles et ceux qui veulent en « savoir plus » ont bien du mal à s'informer de façon plus approfondie, en raison de la dispersion des sources, de l'inaccessibilité des travaux et des documents sur la traite négrière, l'esclavage et leurs abolitions, de l'absence d'un lieu qui rassemble des informations claires et précises pour tous publics. Il faut du temps et de l'argent pour visiter les archives coloniales d'Aix-en-Provence, de Nantes, celles de Martinique, de La Réunion, etc. Étant donné la dispersion des sources, il est difficile pour les chercheurs de mener un réel travail de comparaison, et ils sont conduits, souvent bien malgré eux à territorialiser leurs recherches. Le guide national des archives sur la traite et l'esclavage, entrepris par les Archives nationales depuis 2005 sur la recommandation du CPME, et qui sera prochainement disponible constituera une énorme avancée.

---

1. Régine ROBIN, *La Mémoire saturée*, Paris, Stock, 2003, p. 27.

Jusqu'à présent il n'existe pour ainsi dire pas de travail de recherche qui compare le système esclavagiste dans les différentes colonies esclavagistes françaises. On trouve des ouvrages consacrés à la comparaison régionale, ce qui doit être poursuivi et est extrêmement important car ces systèmes s'organisent aussi régionalement (traite d'une île à l'autre dans les Caraïbes, et l'océan Indien, écho des révoltes, circulation des idées), mais pratiquement aucun ne compare les planteurs des Antilles à ceux de La Réunion, leur implantation et leur soutien en France, les résistances d'esclaves aux Antilles et à La Réunion, les évolutions du système, la composition des populations serviles, la période post-abolitionniste... Cette absence de comparaison a pour conséquence la sous-évaluation des différences et, partant, l'enfermement de phénomènes divers dans un même chapitre. Elle tend aussi à favoriser en France l'équation esclave = Noir = Antillais. L'esclavage ne concernerait alors que ces Noirs, alors que, dans l'océan Indien, la population servile ne fut jamais exclusivement africaine. Cette ethnicisation de la mémoire masque le fait que traite et esclavage concernent tout autant les « Blancs » que les « Noirs ». Ces difficultés sont en partie compensées par la présence grandissante de sites Internet, avec les problèmes d'invérifiabilité inhérents.

Les problèmes conceptuels sont nombreux pour qui veut étudier les effets de la traite négrière, de l'esclavage et de leurs abolitions. Il faut citer au premier chef la multi-territorialisation du phénomène, mais également les différences entre traite et esclavage, les problèmes relatifs à la prise en compte d'un phénomène sur une très longue durée (plusieurs siècles), la disparition de traces, d'archives, de monuments, la rareté de témoignages écrits des captifs et des esclaves, et, finalement, la difficulté de comprendre un phénomène qui met en cause plusieurs acteurs, brouillant la catégorie de « bourreau [1] ».

Première difficulté : traite négrière et esclavage. Il faut étudier à la fois ensemble et séparément la traite et l'esclavage ; car, comme l'a fait remarquer Serge Daget [2], « l'esclavage et la traite forment deux ensembles concomitants, aux nombreuses variétés interdépendantes. Mais [...] il est indispensable de séparer les conditions générales de l'esclavage des conditions de la traite des Noirs ». Traite négrière et esclavage sont donc interdépendants, mais pour les étudier, il faut aussi les distinguer. Quelle méthode dégager alors pour en observer et analyser les interactions ? Comment montrer ce qui unit les différents territoires et organisations (le commerce d'êtres humains) et la pluralité des régimes, des discours, des techniques visant à légitimer ce commerce, puis ensuite les relations dynamiques entre les pays européens qui organisent la traite, ceux qui fournissent les esclaves, ceux qui les transportent, ceux qui les vendent et ceux qui les achètent ?

Ainsi, la traite ne peut pas se comprendre en dehors de l'histoire maritime, coloniale, commerciale et bancaire. Comprendre les motivations des négriers, leurs modes de

---

1. Les difficultés citées ne sont pas hiérarchiquement organisées. Individuellement ou parfois ensemble, elles ont déjà fait l'objet d'études. Mon but est ici simplement de les rassembler.

2. Serge DAGET, *La Traite des Noirs. Bastilles négrières et velléités abolitionnistes*, Rennes, Éditions Ouest-France, 1990, p. 16.

financement, les relations qu'ils entretiennent avec inter-médiaires, banquiers, armateurs... Retracer la route d'un bateau négrier depuis sa construction – quels chantiers navals, quels métiers, quel tonnage, quels marins ? – jusqu'à la livraison de sa cargaison, constater les différences à travers le temps et entre le trafic atlantique et india-océanique [1]. Le schéma du commerce triangulaire, facile à mémoriser, tend à réduire à une seule route tout un commerce dont les aspects sont éminemment complexes. Premier sommet du triangle : le bateau quitte le port négrier avec sa cargaison de colifichets ; deuxième sommet : sur la côte africaine, celle-ci est échangée contre des esclaves ; troisième sommet : dans les Caraïbes, les esclaves sont échangés contre du sucre. Retour au point de départ avec la cargaison de sucre. Mais cette représentation est simpliste : outre que le trajet d'un bateau négrier était souvent plus complexe, comprenant plusieurs arrêts et détours, les termes de l'échange ne se résumaient pas à : colifichets = êtres humains = sucre ; banques, assurances, armateurs intervenaient, et plusieurs systèmes de monnaie étaient en jeu. Le schéma masque la sophistication des intermédiaires africains, fait oublier que ce commerce eut aussi pour conséquence de faire circuler de nouvelles monnaies, d'induire de nouveaux taux de change, de stimuler une économie sur les côtes africaines, d'impor-ter de nouvelles cultures. C'est ainsi, par exemple, que la culture du manioc fut importée en Afrique au XVIe siècle. L'élevage et l'agriculture se développèrent pour fournir des

---

1. J.-P. PLASSE, *Journal de bord d'un négrier*, Marseille, le Mot et le Reste, 2005 ; Philippe HAUDRÈRE et Françoise VERGÈS, *op. cit.*, 1998, pp. 17-33.

vivres aux bateaux négriers. Des métiers de médiation et de traduction apparurent ainsi que de nouvelles expressions culturelles et de nouveaux systèmes politiques[1].

On observe des phénomènes similaires sur les côtes des Caraïbes et des Amériques[2], et sur celles des pays riverains de l'océan Indien où se pratiquent traite négrière et esclavage, à Madagascar, aux Comores[3]. Il existait d'autres routes de trafic des corps humains que masque la représentation hégémonique du commerce triangulaire. Ainsi dans l'océan Indien, il n'y eut pas de route triangulaire. À Bourbon, de nombreux bateaux négriers sont armés dans l'île, nous apprend Hubert Gerbeau qui insiste sur le fait paradoxal que la mortalité était plus élevée sur les petits trajets. L'organisation d'un commerce qui implique tant d'acteurs, dure si longtemps et met en relation des mondes si divers, eux-mêmes soumis à des transformations, implique la mise en place de structures et de techniques diverses qui, à leur tour, changent au cours des siècles et s'adaptent aux situations locales. La multi-territorialisation de ce commerce renvoie à une véritable mondialisation

---

1. Robin BLACKBURN, *op. cit.*, 1998 ; Hugh THOMAS, *The Slave Trade. The History of the Atlantic Slave Trade, 1440-1870*, New York, Picador, 1997.

2. Ira BERLIN, *Many Thousands Gone. The First Two Centuries of Slavery in North America*, Cambridge, Harvard University Press, 1998 ; BLACKBURN, *op. cit.*, 1998 ; THOMAS, *op. cit.*, 1997.

3. Gwyn CAMPBELL, *op. cit.*, 2004 ; Hubert GERBEAU, *L'Esclavage et son ombre. L'île Bourbon aux XIXe et XXe siècles*, thèse à paraître ; Edward ALPERS, *Ivory and Slaves in East Central Africa*, Londres, Heineman, 1975, 2005 ; J.-M. FILLOT, *La Traite des esclaves vers les Mascareignes*, Paris, ORSTOM, 1974.

d'autant plus complexe que les régimes et les techniques en sont multiples.

Deuxième difficulté : la longue durée doit être conceptualisée. Il faut rendre visible l'événement dans un système-monde qui dure plusieurs siècles et met en relation des États, des formes économiques et des systèmes de droit différents. Cette mondialisation crée à son tour des zones de contacts et de conflits. Les discours en faveur de l'esclavage changent entre le XVIe et le XIXe siècle ; le concept de race est « africanisé » assez tard, et pour Pierre H. Boulle [1], c'est l'exemple même de l'introduction en France d'une idéologie née dans les colonies. Ces va-et-vient entre colonie et métropole sont à prendre en compte.

Troisième difficulté : l'absence de témoignages directs émanant d'esclaves. Les premiers témoignages remontent à la fin du XVIIIe ou du XIXe siècle, le plus connu étant celui d'Olaudah Equiano. Ils sont surtout publiés en langue anglaise, et rares sont ceux qui ont été traduits en français. Par ailleurs, beaucoup (comme celui de Mary Prince [2]) sont signés de la plume d'abolitionnistes, ce qui pose un certain nombre de problèmes pour la recherche contemporaine. L'historien n'a pas les moyens de vérifier si ces témoignages reflètent de manière adéquate le monde des esclaves. Les abolitionnistes avaient tout intérêt à insister sur la souffrance, car ces récits avaient pour but d'entraîner l'indi-

---

1. Pierre Henry BOULLE, « La construction du concept de race dans la France de l'Ancien Régime », *RFHOM*, 2002, 89, pp. 336-337, pp. 155-175.

2. Cf. en français, *La Véritable Histoire de Mary Prince, esclave antillaise*, Paris, Albin Michel, 2000.

gnation des lecteurs, et non pas de restituer l'expérience intime du captif. En outre, quel sens cela a-t-il d'utiliser ces quelques récits pour évoquer l'expérience de millions d'êtres humains ? Dans le monde francophone, le récit sur la vie du captif, puis celle de l'esclave, est par excellence encadré par l'approche abolitionniste : c'est par la voix de l'abolitionniste que celles du captif et de l'esclave sont entendues.

Après l'abolition de 1848, des dizaines de milliers d'esclaves affranchis vont mourir sans que personne se soucie de recueillir leurs récits. Cet aspect est certes loin d'être propre à l'esclavage. La vie des pauvres, des dominés, des victimes trouve rarement sa place dans le récit national. Ce sont autant de trous de mémoire que l'on ne pourra jamais combler.

Il reste cependant encore beaucoup à apprendre sur la traite et l'esclavage. Les archives écrites et orales sont loin d'être épuisées, l'analyse des documents iconographiques est à peine entamée, et le travail archéologique vient à peine de commencer sur tous les territoires [1]. L'étude de ces sources ne manquera pas de relancer les recherches qui s'enrichiront aussi de renouvellements méthodologiques : l'approche comparative et l'approche interdisciplinaire devraient permettre d'aborder ces sujets sous des angles neufs. Il faut aussi faire notre deuil de ces mondes, qui ont disparu, tout en nous attachant à représenter cette absence pour répondre à la demande mémorielle. Pour

---

1. Djibril Tamsir NIANE, *op. cit.*, 2001 ; Rosalind SHAW, *Memories of the Slave Trade, Ritual and the Historical Imagination*, Chicago, Chicago University Press, 2002.

autant, cette représentation sera évocation plutôt que description, et c'est dans l'imagination, notamment par le recours à des expressions artistiques, que l'on peut les faire revivre.

Quatrième difficulté : il n'existe pas une mémoire, mais des mémoires de la traite et de l'esclavage. Elles sont fragmentaires, dispersées, et surtout fortement territorialisées. Elles ne se sont pas élaborées de la même manière en Guadeloupe, en Martinique, en Guyane, à La Réunion, en Afrique, à Madagascar et en France, et l'étude de leur construction respective est nécessaire. Ce travail a été entamé mais beaucoup reste à faire, à commencer par un travail de collecte qui en respecte les formes d'expression.

Cinquième difficulté : il faut absolument clarifier la notion de « crime contre l'humanité » appliquée à la traite négrière et l'esclavage, en mesurant très exactement son rapport avec la Shoah. C'est en 1945 que la notion de crime contre l'humanité apparaît en droit international et que le Statut du Tribunal de Nuremberg l'inscrit pour la première fois dans le droit[1]. Le Statut désigne « aux côtés de l'assassinat, l'extermination, la déportation et tout acte inhumain, la mise en esclavage[2] ». Mais la notion s'enracine plus avant dans la tradition philosophique européenne. Le terme de « crime de lèse humanité » est déjà employé par Condorcet. Les philosophes des Lumières européennes considèrent

---

1. Yves TERNON, *L'État criminel*, Paris, Seuil, 1995, et *Le Crime contre l'humanité. Origine, état, et avenir du droit du droit*, Paris, Comp'act, 1998.
2. Florence MASSIAS, « L'esclavage contemporain : les réponses du droit », *Droit et cultures*, 2000, 39 : 1, pp. 101-124.

l'esclavage comme la négation même de ce qui est humain L'esclavage est défini comme une « insulte à l'humanité », car aucun pouvoir, aucun individu ne peut s'arroger le droit de priver un être de son « caractère humain ». Le « caractère humain » d'un individu exige qu'il ne soit pas asservi. C'est ce que disent aussi les révolutionnaires haïtiens, Delgrès, les marrons... La condamnation de l'esclavage se nourrit de la sécularisation du « divin en l'homme ». L'esclavage va contre la conception même de l'humanité, de ce qui est commun à tous les hommes. Je ne m'attarderai pas sur la manière dont on s'est arrangé de ce principe, que je n'ai rappelé ici que pour signaler que l'association entre esclavage et crime contre l'humanité précède de loin la définition de 1945.

Le tribunal de Nuremberg juge de la culpabilité des criminels nazis et amorce l'établissement d'une justice internationale en inculpant l'État nazi de crimes de génocide. Des actions collectives en justice contre les entreprises ayant collaboré avec les nazis et leurs alliés font peu à peu jurisprudence, mais il faut attendre la fin de la guerre froide pour que l'éventail des instruments juridiques soit complété. La qualification juridique de crime contre l'humanité accompagne les différents changements majeurs qui marquent la chute de l'URSS : examen des compétences de l'État et jugement de sa cruauté, extension des compétences des cours locales et utilisation des leviers économiques dans le droit national et international. Les notions d'une responsabilité de la société dans son entier (et non pas simplement d'individus) et d'une responsabilité morale des acteurs économiques prennent alors de l'importance. Pour

Ariel Colonomos : « L'obligation de réparation témoigne en tout premier lieu de la force nouvelle des individus sur la scène mondiale. [...] L'utilisation publique des émotions, leur mise en scène dans les différents espaces publics, les campagnes de dénonciation mondiales ont acquis une force sans précédent, témoignant ainsi du rôle des individus dans la politique internationale [1]. » Les demandes de réparations, historiques, financières, symboliques, prennent appui sur ce nouveau rapport à la société, caractérisé par la montée en force de l'exigence collective autant qu'individuelle – la conscience d'être le dépositaire d'une généalogie et d'une mémoire à défendre, le désir de faire entendre la voix des disparus.

Les associations militant pour l'application de la loi faisant de la traite négrière et de l'esclavage des crimes contre l'humanité ont suivi la voie tracée par les associations juives. Mais d'autres associations avaient précédé les associations juives dans la demande de restitution et de compensation, comme le montre Elazar Barkan dans *The Guilt of Nations. Restitution and Negotiating Historical Injustices*. Il retrace la lutte des associations de Japonais-Américains (la première dans l'histoire de l'après-guerre), des Aborigènes australiens, des Native Américains, des Native Hawaïens et analyse les différentes formes de restitution qu'elles ont développées. Il montre aussi combien ces questions sont devenues centrales dans le droit et dans le politique. Quand elles débouchent sur des négociations constructives, elles

---

1. Ariel COLONOMOS, « L'exigence croissante de justice sans frontières : le cas de la demande de restitution des biens juifs spoliés », *Les Études du CERI*, 2001, n° 78, www.ceri-sciencespo.com.

peuvent constituer un terrain commun, entre victimes et accusés, permettant ainsi aux uns et aux autres de s'émanciper des chaînes du passé.

L'importance qu'a prise la Shoah tend à faire oublier l'arsenal juridique mis en forme pour abolir l'esclavage depuis plusieurs siècles. Florence Massias rappelle qu'on « a pu dénombrer, entre 1815 et 1957, environ 300 instruments internationaux visant à l'abolition de l'esclavage ». Dans un précédent ouvrage [1], j'avais mis en rapport abolitionnisme et droit humanitaire et montré que l'abolitionnisme, en promouvant l'adoption de lois nationales et internationales tendant à éradiquer la traite et l'esclavage, avait introduit dans le droit international la notion de violation des droits de l'homme et participé ainsi à l'élaboration d'un droit « humanitaire ». Lamartine fut le premier, en 1835, à utiliser en français le terme « humanitaire », au sens de bienveillance envers l'humanité considérée comme un tout. Quelque vingt ans plus tôt, la Déclaration du Congrès de Vienne propose une des premières expressions juridiques concernant la traite, qu'elle énonce au nom « des principes d'humanité et de morale universelle [2] ». La condamnation de l'esclavage prend dès lors valeur de loi universelle, s'appliquant à tous, qu'ils soient ou non signataires des traités.

La qualité d'être humain implique la liberté. Si tout être humain naît libre, si cette liberté lui est acquise par la naissance, l'esclavage constitue une « aliénation natale »

---

1. Françoise VERGÈS, *Abolir l'esclavage : une utopie coloniale. Les ambiguïtés d'une politique humanitaire*, Paris, Albin Michel, 2001.

2. Voir le texte intégral de la Déclaration, dans Mertens, repris dans HAUDRÈRE et VERGÈS, 1998, pp. 98-99.

(*natal alienation*), selon l'expression d'Orlando Patterson[1]. Dans son Préambule, la Convention des Nations unies sur « l'abolition de l'esclavage, la traite et les institutions similaires à l'esclavage » (1956) est claire : « La liberté est un droit que tout être humain acquiert à sa naissance ». Son article 7 définit l'esclavage comme le « statut ou la condition d'une personne sur laquelle un ou plusieurs des pouvoirs relatifs au droit de propriété sont exercés, et la traite d'esclaves, comme tous les actes relatifs à la capture ou l'acquisition d'une personne avec l'intention de la réduire en esclavage, de la vendre, ou de l'échanger ». Ainsi Florence Massias peut-elle observer l'évolution « de l'interdit d'exercer sur autrui un droit de propriété à la référence au principe de la dignité humaine », ce qui finalement élève l'esclavage au rang de « crime contre l'humanité[2] ».

Peut-on cependant désigner clairement les bourreaux ? Car si la catégorie « victime » est claire, celle de bourreau apparaît plus difficile à cerner. L'analyse de l'esclavage a longtemps été divisée en deux grandes « écoles » : l'école marxiste et économiste d'un côté, et l'école moraliste de l'autre. Le marxisme et l'économie libérale classique voyaient dans l'esclavage une étape primitive de l'économie. En gros, pour les marxistes, l'esclavage permet d'abord, dans la phase de capitalisme mercantile, une accumulation des richesses ; mais, par la suite, il en vient à entraver le développement du capitalisme industriel. Pour les parti-

---

1. PATTERSON, *op. cit.*
2. MASSIAS, art. cité, p. 103.

sans d'une économie libérale, tel Adam Smith, comme les esclaves ne sont pas des consommateurs, ils freinent le développement du marché ; en outre, l'esclavage entraîne des mesures en faveur des colons, qui sont contraires au libre échange. L'école moraliste permettra de mobiliser largement les populations européennes.

Depuis quelques années, c'est l'argument moraliste (et non pas moral) qui encadre le débat. L'ensemble du débat (sur le niveau exact de l'enrichissement des ports négriers par la traite, sur le coût réel et la rentabilité financière de l'esclavage, sur l'impact du système sur le continent africain) repose sur l'argument moraliste. S'il y a eu bénéfice, celui-ci est immoral, il doit y avoir réparation au nom de la morale. Si l'école économiste ne comprend pas comment l'esclavage pouvait être compatible avec le capitalisme, l'école moraliste ne veut pas ou ne peut pas comprendre que l'esclavage ait apporté des bénéfices tellement importants que la morale ne suffisait pas à convaincre ceux qui en recevaient les dividendes d'y renoncer.

Il est nécessaire de clarifier les causes qui ont conduit à l'organisation de la traite et de l'esclavage, et entraîné ainsi des complicités massives. On lit souvent qu'il faut souligner la responsabilité des rois et chefs africains et celle des Arabes. Cette vision qui se voudrait nuancée ne l'est pas : dès lors qu'il n'existerait pas de frontière claire entre bourreaux et victimes, le crime se trouverait amoindri et ne constituerait plus un crime contre l'humanité. Il est cependant évident qu'un commerce qui dure plusieurs siècles et met en relation plusieurs mondes et plusieurs économies entraîne des complicités. Ce « tout le monde est

responsable, donc personne n'est entièrement coupable »
s'appuie sur l'argument moraliste et marginalise la dimension économique, ô combien présente dans le processus de
transformation d'êtres humains en objets, en individus à la
merci des caprices de leurs maîtres.

La traite négrière et l'esclavage ne constituent pas une
« solution finale » ayant pour but la destruction systématique
d'un peuple. On n'y observe pas la mise en place d'un plan
destiné à la destruction d'un peuple, ni sa programmation
dans un temps déterminé. La traite et l'esclavage n'ont pas
pour but d'effacer un peuple de la surface de la terre, mais
de fabriquer des *disposable people*, des personnes jetables,
dont l'existence sociale est niée, afin de les transformer en
objets voués à servir un système d'exploitation féroce. Tous
les moyens sont bons pour parvenir à cette fin : provoquer
la guerre pour se procurer des captifs, bouleverser des
économies, affaiblir des États, légitimer la déportation et
l'exil... Les pertes font partie du commerce. Les hommes
en sont les marchandises. Il y a donc destruction et mort :
les historiens avancent une moyenne de cinq à six morts
pour chaque captif qui arrivait vivant au terme du voyage.

Mais ce n'est toujours pas un génocide. Il faut garder à
la traite et à l'esclavage leur singularité, leur inscription dans
la cruauté et la violence d'un système d'exploitation qui
élabore des théories raciales pour justifier la transformation
du continent africain, et de lui seul, en réservoir de captifs. Cette opération consistant à se procurer des millions
d'êtres humains comme autant de bêtes de somme, dont
seule compte la force de travail, et jamais la vie, poursuit
plusieurs buts : accumuler des richesses au moindre prix,

coloniser des terres, faciliter l'accès à certains produits. Quel vocabulaire faut-il utiliser pour dénoncer ce crime et en écrire l'histoire ? Le lien entre privation d'humanité et asservissement est clairement défini. C'est la privation du droit « naturel » à la liberté et à la propriété de soi qui constitue le crime contre l'humanité de l'individu asservi. Certains s'obstinent cependant à emprunter le vocabulaire et les représentations du crime qui a marqué le XXe siècle, le génocide des Juifs d'Europe. Cet emprunt ne se justifie pas, il crée une fausse analogie entre des crimes qui ne s'organisent pas de la même manière, qui n'ont ni la même finalité ni les mêmes conséquences[1]. Mais ce n'est pas parce que la traite négrière et l'esclavage ne sont pas comparables dans leur finalité avec le génocide des Juifs d'Europe qu'ils ne constituent pas un crime. Point n'est besoin d'entrer dans une rivalité obscène. En revanche, il est nécessaire de continuer à creuser cette notion de crime contre l'humanité appliquée à la traite et l'esclavage, lesquels sont tout aussi inacceptables et injustifiables que le génocide. Traite négrière et esclavage éclairent l'histoire de l'exploitation brutale qui est partie prenante dans le processus de mondialisation et en montrent la violence principielle et la logique de mépris de l'être humain.

Il est difficile pour le juriste de définir la notion d'humanité, précise Florence Massias. L'acte inhumain serait celui

---

1. Rappelons le *double* héritage des sociétés esclavagistes : violence, souffrances, misère, mais aussi création, car les esclaves ont créé des cultures, des langues, des musiques originales ; les camps de la mort, quant à eux, ne pouvaient produire aucune création culturelle, c'était le monde de la mort.

qui conteste « l'humanité en l'homme [1] ». Mireille Delmas-Marty définit le crime contre l'humanité comme « toute pratique qui comporte soit la négation absolue du principe de singularité, soit la négation absolue du principe d'égale appartenance [2] ». Elle résout ainsi la difficulté suivante : le droit fondamental s'exprime toujours de manière négative (interdiction de la torture, de l'esclavage...), or il s'agit d'affirmer un « droit à l'humanité » qui s'exprimerait de manière positive. Mais alors, qu'est ce que l'humanité ? « Une pluralité d'êtres uniques devant être protégée dans cette double composante de singularité et d'égale appartenance (à l'humanité), qui définit en somme, la dignité humaine au sens le plus fort du terme, si l'on préfère "humanitude" comme valeur à protection absolue [3]. » On peut rapprocher cette réflexion sur ce qui constitue « l'humanité » des écrits de la génération de la décolonisation. Que ce soit Césaire, Fanon, Gandhi ou Nehru, tous, face à la déshumanisation opérée par l'idéologie coloniale d'un continent qui se disait inventeur de l'humanisme, défendaient un « nouvel humanisme ».

Comment juger d'une réparation ? La dispute ne concerne ni terres dérobées ni objets volés (à la différence de ce qui se passe pour les Indiens caribéens, les Kanaks, etc.). C'est la situation sociale des populations des DOM qui est en question (pauvreté, discriminations, faiblesse du

---

1. TRUCHE, *op. cit.*
2. Mireille DELMAS-MARTY, « L'interdit et le respect : comment définir le crime contre l'humanité », in M. COLIN, *Le Crime contre l'humanité*, Ramonville, Érès, 1996, p. 19.
3. *Ibid.*

développement économique), mais comment quantifier ces inégalités ? La restitution peut prendre la forme d'un large débat public où les responsabilités seraient examinées. Un tel débat jouerait un rôle pédagogique et concourrait à l'éducation publique. L'injustice historique qu'a constitué l'esclavage n'est pas un détail de l'histoire : des Malgaches, des Africains, des Indiens ont été achetés par des citoyens français qui en ont fait des esclaves, et leurs descendants vivent aujourd'hui sur le territoire de la République. Un siècle et demi après son abolition, la reconnaissance de l'esclavage apparaît comme un test : la République saura-t-elle intégrer cette histoire qui fait partie de l'histoire nationale ?

La longue histoire du droit en matière de traite et d'esclavage témoigne de la difficulté à juger un crime qui existe dans toutes les sociétés et qu'aucun progrès humanitaire ou technique ne semble avoir contré. Il y a toujours des esclaves – les Nations unies avancent le chiffre impressionnant de 27 millions d'esclaves aujourd'hui. Cependant, ce n'est pas parce que la France a finalement aboli l'esclavage en 1848, que les Africains et les Arabes ont organisé des traites négrières et, enfin, que l'esclavage continue d'exister, qu'une réparation historique ne s'impose pas en France. Ceux qui avancent qu'il est absurde de demander aux générations actuelles de payer pour les générations passées doivent expliciter les critères qui leur permettent de distinguer, au plan moral, entre le crime qui exige une réparation et celui qui exige son oubli[1]. C'est une chose de

---

1. Voir le développement de Barkan (2000, pp. 344-345) : « Cette disparité révèle une limite aux demandes morales de restitution. »

tracer les limites des politiques de réparation et de souligner l'ambiguïté de la position de victime, et les satisfactions qu'elle peut offrir à qui se prétend dépositaire moral du passé, mais c'en est une autre de rejeter un débat politique et éthique sur la traite, l'esclavage et les ambiguïtés de leurs abolitions. Ce rejet est injustifiable.

La « correction de la mémoire fait partie de la démocratisation », écrit le professeur de droit et anthropologue Mark Osiel[1], qui suggère que les « changements par suite d'efforts accomplis officiellement pour réviser notre compréhension historique (par décret, par législation) peuvent avoir des conséquences considérables sur la structure sociale et politique[2] ». C'est ce but qui me semble positif. Il faut dépasser la loi Taubira, c'est-à-dire en faire un point de départ et non d'arrivée. Pour ce qui est des dangers que la mémoire ferait courir à la démocratie, Michael Schudson nous met en garde : « L'idée selon laquelle la mémoire peut être "distordue" suppose qu'il existe une norme permettant de juger ou de mesurer ce qu'un souvenir véridique doit être[3]. » Une « façon de se souvenir est aussi une façon d'oublier », ajoute-t-il. Il est remarquable que la demande de révision du récit national sur l'esclavage soit perçue comme une demande de procès. Ceux qui cherchent à faire des procès ont une conception de l'histoire qui n'admettrait

---

1. Mark OSIEL, *Juger les crimes de masse. La mémoire collective et le droit*, Paris, Seuil, 2006, p. 95.

2. *Ibid.*, p. 95.

3. Michael SCHUDSON, « Dynamics of Distorsion in Collective Memory », in Daniel L. SCHACTER (éd.), *Memory Distortion : How Minds, Brain, and Societies Reconstruct the Past*, 1995, cité dans OSIEL, *op. cit.*, p. 130.

aucune révision, aucune réinterprétation. Pour ne pas leur laisser le terrain, il faut ouvrir les archives, organiser la solidarité à travers le dialogue, et tomber d'accord sur les moyens de mettre en scène les désaccords[1]. L'exigence de « donner un espace à la parole publique pour que les violences soient dites » s'accompagne alors d'une prise en compte des aspirations à l'égalité et à l'intérêt commun.

---

1. Antoine GARAPON, in OSIEL, *op. cit.*, p. 8.

IV.

L'outre-mer de la République

Dans un texte publié le 15 avril 2005, le philosophe guadeloupéen Jacky Dahomay déclare que « l'ethnicisation actuelle de la France nous pousse à réfléchir sur les failles de l'intégration républicaine. Même s'il ne faut pas toujours exagérer ces dérives identitaires ni nier des succès incontestables de l'intégration, il faut toutefois admettre le fait incontournable aujourd'hui des crispations communautaires dans l'Hexagone. Cela nous pousse à nous interroger sur l'intégration républicaine, certes, mais, au-delà, sur l'idéal républicain français lui-même. Mais la complexité du problème ne peut trouver de solution que si nous tentons de comprendre les paradoxes du républicanisme français et la nature des antinomies qui le travaillent ». De nombreux observateurs de la société française partagent aujourd'hui ce constat, qui s'exprime cependant depuis longtemps. Déjà dans un conservatisme colonial, qui résiste à l'application des principes républicains à *tous*, ou, au contraire, dans une demande égalitaire qui questionne un idéal n'incluant pas entièrement tous les membres de la nation. La résistance conservatrice à l'idéal républicain est souvent venue des « Blancs », mais pas toujours cependant des grands propriétaires. Le communautarisme « petit blanc » s'accordait mal des principes d'égalité républicaine qui promettaient une société sans hiérarchie raciale, garante de leur statut dans la société. À l'inverse, l'idéal républicain a aussi joué le rôle de rassembleur de mouvements contre le monopole des « sucriers », les usiniers et propriétaires qui tiraient leur richesse de la canne à sucre.

Le vocabulaire de l'idéal colonial éducatif et d'une bonté inhérente à la mission de colonisation avait convaincu le colonisateur de sa supériorité. Sa langue était celle de la civilisation et de l'ordre. Les esclaves et les colonisés ont puisé dans un vocabulaire pour en montrer les limites, les oublis et les faces d'ombre [1]. La longue histoire du monolinguisme colonial sourd aux autres langues, redoutant le contact, refusant la créolisation, ne doit pas faire oublier l'histoire de l'appropriation par l'esclave, puis le colonisé de la langue de l'Autre. La loi esclavagiste prévoyait d'arracher la langue à l'esclave pour le punir, de le bâillonner, de le museler, de lui interdire la parole en public. Il ne fallait pas qu'il parle, car alors n'aurait-il pas maudit le maître, dénoncé l'abus ? Cependant, les esclaves comme les colonisés vont s'emparer de la langue française. Elle devient une langue trans-continentale, trans-nationale, déracialisée, qui rejette un quelconque lien entre langue et droit du sang. Il ne s'agit pas d'une simple « tropicalisation » des termes, mais d'une réappropriation qui rejette l'ethnicisation opérée par le discours colonial, qui a instauré une analogie entre « Blanc »

---

1. Les lignes qui suivent sont inspirées d'un texte paru dans le numéro spécial « Francophonies » de *Libération*, 17 mars 2006.

et «libre», entre «Blanc» et «citoyen». Les colonisés s'emparent du vocabulaire de la Révolution française et des Lumières pour attaquer les privilèges exorbitants de la classe possédante. Ils utilisent le vocabulaire républicain en le *dénationalisant*, en lui redonnant son caractère universel. Mais aujourd'hui, cet idéal républicain est écorné ; il n'a pas rempli ses promesses ; il a surtout montré à nouveau ses limites. Toujours cet amour des principes et ce mépris du pragmatisme, cet universalisme et ce soupçon envers les différences.

L'OMBRE DE L'ESCLAVAGE

Les esclaves étaient invisibles, ils n'existaient pas dans la conscience nationale, si ce n'est comme figures abstraites auxquelles on avait recours pour dénoncer le crime. L'esclavage portait une ombre sur l'universalisme européen, et cette ombre devait disparaître, l'idéal républicain l'exigeait. Mais les esclaves, êtres de chair et de sang, restaient de simples stéréotypes : souffrants ou révoltés, victimes ou héros. Quant à ce qu'ils pensaient, rêvaient, créaient, cela demeurait en marge. Leur existence restait comme indicible. C'est ce qu'en disaient les abolitionnistes et les représentations qu'en firent artistes, poètes et romanciers, qui touchèrent le cœur des Européens. Ainsi la maquette du navire négrier, *Brooks*, qui donnait à voir les conditions d'entassement des captifs dans les cales, eut-elle un énorme écho. Mirabeau en possédait une et ne se privait pas de la montrer à ceux qui avaient besoin d'être convaincus de l'inadmissible. Du reste, l'impact de cette représentation ne se dément pas, et son graphisme est resté à ce point moderne qu'elle est toujours utilisée deux siècles plus tard, que ce soit sur la pochette de Bob Marley pour son album *Survival* (1979) ou sur la couverture du roman de Barry Unsworth, *Sacred Hunger* (1992). L'image de l'esclavage a beaucoup plus « parlé » que les esclaves ne l'ont fait avec leurs mots. Citons encore la gravure dessinée au XVIIIᵉ siècle par l'abolitionniste anglais Josiah Wedgwood, qui eut aussi un effet immense sur les consciences européennes : un Noir esclave, à genoux, les mains tendues vers le ciel, des fers aux pieds et aux poignets, s'écriant : « Ne suis-je pas un homme et donc ton frère ? » Éveil de la conscience par identification : qui es-tu toi qui refuses à cet homme son humanité ? Peux-tu en toute conscience accepter que des femmes et des hommes soient ainsi entassés dans la cale d'un bateau, pendant des mois ? Imagines-tu les conditions de la traversée : l'odeur de la peur, les maladies qui frappent, la mort qui plane, l'angoisse qui étreint ?

Pour autant, ce mouvement de mobilisation ne fut pas dépourvu de contradictions, car le principe d'égalité des hommes s'opposait au racisme esclavagiste. Si une seule race d'hommes était vouée à l'esclavage, il fallait bien trouver comment justifier une inégalité de traitement si clairement *visible*. Imaginons un voyageur arrivant à Saint-Domingue en 1789 : 600 000 esclaves noirs y vivent, asservis par quelques milliers de Blancs. L'asservissement est clairement racialisé, il est impossible de se tromper : le Blanc est la couleur de la liberté. Si notre voyageur interroge le planteur, celui-ci doit le convaincre du bien-fondé de cette disparité, et c'est l'explication raciale qui domine. L'apartheid, en Afrique du Sud, est la seule situation contemporaine qui offre des points de comparaison pertinents : le voyageur y observait que des millions de Noirs étaient privés des droits dont bénéficiait une minorité de Blancs. Dans ces régimes d'exception, la liberté, les droits civiques et sociaux *devaient* être racialisés. Par contraste, la doctrine abolitionniste qui s'appuie sur l'identification à l'autre, l'empathie envers la victime, suggère une humanité partagée, transraciale. Cependant, ses contradictions internes – sous-estimation de l'économique, surestimation de la morale – feront éclater ce principe, et l'abolitionnisme échouera à pousser cette identification à son terme. D'égal, le Noir deviendra un « petit frère, » qu'il faut guider, soumettre à la mission civilisatrice de la République coloniale.

L'esclave, devenu un citoyen, n'en reste pas moins un « nègre », donc un être pas tout à fait égal au Blanc. Cette inégalité structurelle entre l'affranchi et le citoyen français, fondée à l'origine sur des considérations de race, aura pour corollaire la marginalisation des colonies post-esclavagistes dans les affaires gouvernementales. Certes, alors que les Antilles françaises connaissent une crise économique, La Réunion essaie un temps de prendre la conduite des affaires françaises dans l'océan Indien, et l'élite blanche y parvient quelque peu. Mais cette exception ne peut qu'à peine nuancer un constat plus général : ces colonies sont comme effacées dans la conscience nationale. Leur avenir ne fait pas partie des grands débats parlementaires : c'est du grand empire qu'il est question, des colonies en Indochine, en Afrique du Nord, en Afrique noire, de Madagascar, de tous ces territoires à conquérir, de toutes ces populations à asservir. La rivalité de la France avec les autres grandes puissances européennes se joue sur ces terres, et les « vieilles colonies », comme on les appelle, n'apportent plus grand-chose au narcissisme colonial. Elles sont pourtant toujours là, ces vieilles colonies, signalées sur les cartes de l'empire colonial, régulièrement citées pour leur « attachement à la France », et les manuels les signalent même parfois comme plus françaises que la Savoie qui fut rattachée plus tard à la France. Elles sont toujours là, avec leurs pavillons dans les expositions coloniales, leurs revues littéraires, leurs prix Goncourt[1], mais leur représentation obéit aux stéréotypes des îles tropicales : doudous et rhum, cocotiers et bleu des mers, canne à sucre et vanille. Dans les troupes qu'elles envoient pendant la Grande Guerre, il y a beaucoup de volontaires, que l'armée doit refuser parce qu'ils sont trop souvent illettrés et en mauvaise santé. Elles connaissent des transformations pourtant, et dans la première moitié du XXe siècle, elles voient apparaître les premiers syndicats. En 1936, le Front populaire représente un immense espoir pour ces syndicats qui sont à la tête de la lutte anti-colonialiste. Ce sont eux qui demandent que leurs colonies deviennent « départements français », et les défilés du 1er mai portent cette demande. Associations mutualistes et loges franc-maçonnes contribuent à fédérer les groupes souhaitant la fin de l'arbitraire colonial. Le mouvement ouvrier est à l'avant-garde de l'anticolonialisme. Vient la Seconde Guerre

---

1. Marius et Ary Leblond (Réunion) en 1910 avec *En France*, René Maran (Martinique) avec *Batouala* en 1915.

mondiale, les gouverneurs rallient Vichy, mais une partie de la jeunesse, qui a parfaitement compris où le « racisme scientifique » a mené l'Europe, traverse les mers au mépris des dangers et rejoint la France libre dont elle intègre les armées, à Alger ou Londres. Ces jeunes, qu'ils soient vietnamiens, cambodgiens, martiniquais, guadeloupéens, guyanais, malgaches, algériens, marocains, sénégalais ou réunionnais, sont venus par milliers combattre le nazisme aux côtés des Alliés, mais leurs pays restent colonisés. Ils se retrouvent après guerre, partagent leurs expériences, fondent des revues, rejoignent souvent le parti communiste français où ils adhèrent à la fameuse « Section coloniale ». Ils refont le monde, leur monde.

À l'occasion des élections pour l'Assemblée nationale constituante, chargée de donner une nouvelle constitution à la France, les « vieilles colonies » envoient au Parlement des députés élus sur le programme suivant : obtenir le statut de département pour mettre fin au statut colonial. Trois siècles de colonisation se résument à une « misère injustifiable », dit Aimé Césaire, le plus jeune des députés de ces territoires et le rapporteur du projet de loi. « À côté du château où habite le féodal – l'ancien possesseur d'esclaves – voici la case, la paillote avec son sol de terre battue, son grabat, son humble vaisselle, son cloisonnement de toile grossière tapissé de vieux journaux. Le père et la mère sont aux champs. Les enfants y seront dès huit ans », dit Césaire [1]. Rien n'a été accompli pour le bien être du peuple : éducation, santé, droits du travail, infrastructures routières,

---

1. Discours d'Aimé Césaire, in Françoise VERGÈS (éd.), *La Loi du*

industrielles... tout est à faire. Les richesses sont entre les mains d'un tout petit nombre, les lois de la République ne sont pas appliquées, les propriétaires emploient des hommes de main pour faire régner leur ordre. « Près d'un million de citoyens français, natifs des Antilles, de la Guyane et de La Réunion, sont livrés à l'avidité d'un capitalisme sans conscience et d'une administration sans contrôle [1]. » L'État doit intervenir et mettre fin à l'arbitraire exercé par une poignée d'hommes qui bafouent les lois républicaines. Césaire fait appel aux principes de la Révolution : les constituants ne souhaitaient-ils pas déjà la départementalisation ? Il faut réaliser les espoirs de 1789. De plus, aucune des promesses de l'abolition de 1848 n'a été tenue, car les grands propriétaires ont chaque fois usé de leur pouvoir pour empêcher toute remise en cause de leurs privilèges. Seule la République peut mettre fin à leurs agissements, elle doit aider ces peuples, elle le leur doit. Par la voix des représentants du mouvement anticolonialiste, la majorité de ces populations exige d'être enfin intégrée à égalité au sein de la démocratie française. Leur revendication porte sur l'égalité sociale entre citoyens des Vieilles Colonies et citoyens de France métropolitaine. La question sociale est au cœur de la mobilisation anticoloniale. Il s'agit d'imposer par la loi l'inclusion d'un groupe jusque-là exclu de la communauté des égaux.

Le 19 mars 1946, la proposition de loi est adoptée à l'unanimité. Les « vieilles colonies » deviennent départe-

---

19 mars 1946. Les débats à l'assemblée constituante, Saint-Denis, La Réunion, CCT, Graphica, 1996, p. 80.

1. *Ibid.*, p. 80.

ments français, leurs habitants sont, en droit, pleinement égaux à leurs concitoyens. Ce « choix initial de l'intégration citoyenne... aussi vague que fut la représentation de celle-ci de la plupart qui la poursuivaient, n'a rien de paradoxal, » écrit le sociologue Michel Giraud[1]. Car « les nègres des colonies américaines », poursuit-il, « n'avaient d'autre choix pour commencer à œuvrer à leur émancipation que de conquérir l'égalité sociale et politique au sein de l'ensemble national français[2] ». Cette loi a été analysée depuis comme l'aboutissement du processus d'aliénation de ces sociétés. En effet, au moment où le reste de l'empire colonial français exigeait l'indépendance nationale et où les populations concevaient leur émancipation en termes de rupture avec la France, ces sociétés optaient pour une plus grande intégration. Essayons cependant de relire cette revendication d'égalité de 1946 à la lumière des réflexions sur esclavage et égalité que les discours anti-colonialistes locaux proposent. Dans les « vieilles colonies », la revendication anti-coloniale est portée par une large union d'ouvriers (des usines sucrières, des chemins de fer, des ports), des fonctionnaires locaux, de la petite bourgeoisie éduquée qui ne possédait pas de terre, et des ouvriers agricoles et petits paysans. Tous n'appartenaient pas au même groupe culturel ou « ethnique »[3]. Leurs luttes (grèves, révoltes)

---

1. Michel GIRAUD, « Revendication identitaire et cadre national », *Pouvoirs*, L'Outre-mer, 113, pp. 95-108, p. 97.

2. *Ibid.*

3. Ce terme est lui-même difficile à appliquer compte tenu des métissages, mais la construction sociale des différences ethniques a eu un impact sur ces sociétés.

furent sévèrement réprimées. Ces groupes demandaient, comme Césaire l'expose, l'application de la promesse d'égalité, inachevée en 1848 (citoyens certes mais *colonisés*). On peut regretter aujourd'hui que la classe ouvrière ait choisi de se mobiliser autour d'une revendication d'égalité plutôt que d'indépendance, mais on peut aussi interpréter cette demande comme l'expression d'une solidarité transraciale, en rappelant à quel point il est nécessaire de prendre de la distance par rapport à certains cadres de pensée pour analyser l'histoire des sociétés esclavagistes de l'empire colonial français, de leurs résistances, de leurs luttes et de leurs revendications. Les luttes pour les droits civiques avec leurs contradictions et leurs limites mais aussi leurs ouvertures sont sans doute plus pertinentes ici que les luttes nationalistes, et cela en dépit des objections portées par Fanon, qui critiqua vertement la demande de 1946 et qui, dans *Les Damnés de la terre*, jetait les bases d'une « vraie » culture nationale, tout en mettant en garde contre l'avènement d'une bourgeoisie nationale prédatrice et corrompue. Sans doute n'y a-t-il, explicitement, rien dans Fanon qui puisse venir à l'appui de notre proposition de grille de lecture. Il n'en reste pas moins que Fanon s'emploie tout particulièrement à analyser la place de la « race » dans le canon et celle des luttes dans les DOM, si bien que ses remarques à cet égard vont tout à fait dans notre sens. Il insistait sur la nécessité de déconstruire le discours de la « race » pour échapper à l'assignation à résidence (la prison construite par la « race ») et construire de nouvelles solidarités. Les perspective qu'il développe dans *Peau noire, Masques blancs* – construire un « nouvel humanisme » – donne parfaitement le ton des luttes anti-colonialistes. Sur des terres nées de la colonisation et de l'esclavage, les mouvements de résistance ont cherché à échapper à l'assignation à résidence imposée par la race et à obtenir droit de cité. L'histoire de leurs luttes ne peut donc être la même que celle des mouvements européens ou des mouvements de l'empire colonial post-esclavagiste. Car elles ont eu une toute autre histoire : esclavage, puis immigration massive de travailleurs engagés surtout venus d'Asie après l'abolition de l'esclavage, citoyenneté et statut colonial, monopole sucrier et, comme dans toutes les colonies, pauvreté et racisme, tout cela construisit des situations singulières. Mais l'égalité des droits sociaux ne sera accomplie qu'au tout début du XXIᵉ siècle. Des dérogations au principe d'égalité républicaine font perdurer l'inégalité. Cependant, cette inégalité de traitement fait d'autant moins scandale en France hexagonale que certaines représentations des « départements d'outre-mer » se sont peu à peu glissées dans la conscience nationale, à la marge certes, mais avec une nette récurrence : les DOM seraient des « danseuses de la France », peuplés de légions d'assistés qui vivent de « l'argent braguette » (nom donné aux allocations familiales), paresseux ou agressifs, ingrats et peureux... Ils sont dans *et* à l'extérieur de la nation.

L'insularité et les dynamiques sociales à l'œuvre localement ont produit des effets qui ne réduisent pas à ce que l'on peut observer en France. La difficulté réside précisément dans cette tension entre singularité *et* parenté. En être et ne pas en être : où tracer la frontière entre la singularité, d'un côté, et l'effacement, voire l'oubli, de l'autre ? Prenons un exemple. Quand des statistiques nationales sont publiées, que ce soit sur le chômage, la santé ou l'éducation, les chiffres relatifs aux populations d'outre-mer ne sont jamais intégrés [1]. En revanche, quand on publie des statistiques outre-mer, elles incluent une comparaison avec la « métropole ». Le chiffre donné pour la métropole est une *moyenne nationale,* ce qui rend la comparaison assez absurde. Ne devrait-on pas comparer avec ce qui est comparable ? En France, les chiffres sont comparés aux situations des pays d'Europe de l'Ouest. Pour l'outre-mer, la « métropole » (territoire fictionnel) reste le marqueur, le modèle à atteindre. Les statistiques locales signalent en creux un principe de *rattrapage,* alors même que ce qui doit être rattrapé est impossible à atteindre compte tenu des retards historiques et structurels. Au-delà même de la quadrature de cercle que représente l'invocation d'un rattrapage, ne faut-il pas en mettre en cause le principe même ? Comment justifier l'application d'un tel modèle à des territoires dont la taille, l'économie, l'organisation sociale, la géographie et les besoins sont si différents ?

Cette absence de l'outre-mer est aussi perceptible lors de débats nationaux. Par exemple, il est très rare que la discussion sur le « voile » islamique fasse intervenir le cas de La Réunion ou de Mayotte, où la présence de l'islam est plus ancienne, pour analyser la manière dont ces questions ont été négociées. Ces populations font la une des médias nationaux à l'occasion d'une catastrophe, d'un cyclone

---

1. Le rapport de Christian BERGOUIGNAN, Chantal BLAY, Alain PARANT, Jean-Paul SARDON et Michèle TRIBALAT (éd.), *La Population de la France. Évolution démographique depuis 1946*, t. I, Paris, INED, 2005, ne comporte pas un seul chapitre consacré à l'outre-mer.

meurtrier, d'accidents d'avion, d'épidémies, etc., mais leurs expressions, leurs doutes, leurs espoirs ne font pas partie de la conscience nationale. La solution serait-elle une intégration totale ? Peut-on à la fois dire « ce n'est pas la France » et « c'est l'histoire de la France » ? Comment tenir ensemble singularité *et* république, différence *et* unité, éloignement *et* parenté ? C'est une vieille question que les populations des colonies esclavagistes ont très tôt posée.

Cette tension entre colonie et métropole est commune à toute expérience de colonisation, mais elle est assurément plus remarquable dans le cas de la France centralisatrice, qu'elle soit monarchique ou républicaine. Il suffit de lire les textes des colons, particulièrement emblématiques de cette tension : tout en se plaignant des pouvoirs excessifs du roi qui les empêchent de commercer à leur guise, ils demandent aussi à la France protection et soutien. Cette ambivalence revient dans les mêmes termes après l'avènement de la République, dont ils trouvent le pouvoir trop grand, mais dont ils exigent protection et soutien. Cette tension entre désir d'autonomie et de continuité territoriale (« la colonie, c'est la France ») court tout le long de l'histoire entre l'outre-mer esclavagiste et sa métropole, tout comme le désir d'y mettre un terme ; et cette tension perdure. Mais ce serait une erreur que de vouloir la résoudre de manière mécanique. Cette tension doit être reconnue comme fructueuse. La solution catégorique, qui consiste à prôner soit une intégration totale soit une rupture, outre qu'elle est, dans les faits, impraticable, masque en réalité une paresse de la pensée, alors qu'il serait nécessaire de voir en quoi cette tension témoigne à la fois d'une différence *et* d'une parenté. Le 27 février 2006, l'émission « C' dans l'air » (France 5), qui portait sur l'épidémie de chikungunya à La Réunion, avait pour titre « La Réunion, c'est la France. » Examinons ce titre : La Réunion, c'est la France par statut, et grâce à cette association l'île bénéficie des institutions mises en place par l'État. Ce dernier intervient au nom de la solidarité nationale, comme il le ferait dans n'importe quel département. Si l'État intervient pour mettre fin à l'épidémie, ce n'est pas parce que, « dans l'épreuve, France est auprès de ses enfants », comme le Premier ministre l'a déclaré lors de sa visite dans l'île le 26 février 2006, mais parce que c'est son devoir. Les Réunionnais ont les droits et les devoirs de tout citoyen français. Mais La Réunion n'est qu'*en partie* la France par histoire et par culture. Et La Réunion n'est *pas la France*, car c'est une île tropicale, située sur un axe Afrique-Asie, dont la population est issue de civilisations diverses – hindoue, africaine, malgache, européenne, musulmane, chinoise –, qui est plus sujette que celle de la France hexagonale à des maladies comme le diabète, les maladies cardio-vasculaires, qui connaît un très fort taux de chômage depuis plusieurs décennies et qui est sortie du statut colonial il y a soixante ans, mais n'a vraiment connu de modernisation que dans les années 1970.

L'examen des liens entre métropole et colonie, puis « métropole » et DOM, révèle une histoire chargée de malentendus, de soupçons, de méfiance. Si l'outre-mer reste marginal pour l'opinion publique française, ne nous y trompons pas, la France reste aussi très marginale pour l'outre-mer. Je parle ici des mouvements culturels, sociaux, artistiques et intellectuels qui ont bouleversé le paysage culturel et intellectuel français dans la seconde moitié du XXe siècle. Ni le cinéma de la Nouvelle Vague, ni l'avant-garde poétique, littéraire et théâtrale, ni les métamorphoses de la pensée autour du structuralisme et du post-structuralisme, ni les discussions critiques sur le marxisme, ni l'art contemporain, ni le renouvellement dans les sciences humaines et sociales, ni la psychanalyse, ni la révolution sexuelle, ni le mouvement des femmes, des homosexuels... n'est pleinement parvenu sur ces terres. Il ne s'agit pas de souhaiter la diffusion pure et simple de ces mouvements, ce qui serait problématique, mais de rappeler que la France n'exporte pas toujours « là-bas » ce qu'elle produit de plus original. La France contribue trop souvent à l'isolement insulaire et ne remplit pas assez son rôle de porteur d'altérité.

Les partis politiques nationaux s'intéressent à ces terres, dans les années 1960-1970, afin de soutenir les luttes contre un pouvoir local extrêmement répressif, puis progressivement, deviennent de plus en plus distants, pour finir par ne s'en souvenir qu'en période électorale. Peu d'intellectuels y prêtent attention : ces terres ne sont pas pour eux un terrain de recherche comme peut l'être l'Algérie ou l'Afrique. On s'y arrête peut-être par accident, comme André Breton, et, par accident, on découvre un monde intellectuel original, mais ce n'est pas un espace d'imaginaire cinématographique ou littéraire, un terrain qui peut questionner des présupposés sur la société française. Dans la seconde moitié du XXe siècle, la France a plutôt encouragé des expressions folklorisantes, et le renouveau culturel est né d'une résistance à la politique de « francisation ». L'assignation à une identité fantasmée que suppose le folklore a poussé artistes et intellectuels vers d'autres frontières, et Paris n'est plus la capitale des rencontres entre artistes et écrivains noirs, ni celle des rencontres transcontinentales. Paradoxalement, l'écart culturel se creuse au moment où la dépendance économique s'accentue.

En apparence, ces terres peuvent paraître très « françaises » : mêmes marques de voitures, de produits, etc., mais tout visiteur attentif s'aperçoit très vite que les apparences sont trompeuses. L'appellation « métropole » qui s'est imposée dans les années 1960-1970 est symptomatique de cet écart : c'est au moment où la France en finit avec son grand empire colonial qu'elle se réinvente en « métropole » dans les DOM. Avant les années 1960, on disait « la France », on allait « en France » – il suffit de lire les journaux de l'époque pour le constater ; aujourd'hui dire « la France » vous marque idéologiquement comme avocat de la séparation avec la République ! Il est étonnant de voir reprendre un terme ô combien marqué par la relation coloniale, « la métropole », pour désigner une relation postcoloniale. Le terme « métropole » est utilisé pour signaler une reconfiguration de la relation entre la France et ses territoires d'outremer. On constate alors une chose : le vocabulaire politique ne dispose pas de mots pour dire cette relation, sauf à emprunter au vocabulaire colonial. Le vocabulaire politique est fortement national et décentralisateur ; il ne souffre pas que s'immiscent des mots pouvant mettre en doute l'indivisibilité de la République. Cette attitude soupçonneuse fait obstacle à l'imagination. On se souvient à quel point le pouvoir d'État réprima les demandes d'autonomie politique émanant des DOM. On pourrait me faire remarquer que l'État justifiait sa répression par le fait que cette demande était portée par les partis communistes et qu'elle cachait un but plus pernicieux, l'indépendance. Certes, mais cette demande fut aussi soutenue par des partis comme celui d'Aimé Césaire, et il s'agit surtout pour moi de signaler, en évoquant ces campagnes contre le terme d'autonomie, la difficulté à trouver les mots pour décrire la relation entre la République et ces territoires, issus du premier empire colonial (les DOM), ou du second (Nouvelle-Calédonie, Tahiti, etc.). Comment articuler la diversité – distance géographique, différences en termes de réalités physiques (îles tropicales, territoires dans des aires culturelles différentes), histoires localisées et liées à des régions différentes les unes des autres (Pacifique, Caraïbes, océan Indien), cultures singulières, lois adaptées – *et* le commun – vivre sous le régime de la république ? Les termes de « métropole » et de « métropolitain » sont compréhensibles seulement dans un cadre franco-domien, où l'on parle de « cuisine métro » par exemple, parce que parler de cuisine « française » pourrait signifier que nous ne sommes pas en France. Au-delà d'une question de vocabulaire, c'est la question de la clarification d'une relation qui se pose : on ne sait pas comment nommer cette relation. Dans les discours officiels, les termes « État », « République, » « France » sont préférablement utilisés en dehors des campagnes électorales. Ces considérations sur la terminologie m'amènent à me demander encore une fois dans quel vocabulaire il faut puiser pour décrire une relation historiquement ancrée dans une inégalité affectée par le discours racial. On a deux territoires – colonie/métropole, DOM/métropole – géographiquement éloignés, aux histoires différentes mais apparentées, et qui doivent parvenir à instituer une égalité. Comment créer les conditions d'une conversation qui intègre tous les aspects suivants : rattraper des retards structurels induits par la dépendance à la France ; distinguer entre les responsabilités locales et les responsabilités étatiques dans les retards de développement durable ; identifier ce qui relève de l'héritage colonial et des nouvelles configurations (Communauté européenne, nouvelles régionalisations, nouveaux défis démographiques, économiques, climatiques, etc.) ; faire la part entre la peur de la petite bourgeoisie de renoncer aux bénéfices de la dépendance (surnumération des salaires de fonctionnaires, individus profitant de manière arrogante de la citoyenneté française comme signe d'appartenance à un pays riche et européen, dans un environnement régional plus pauvre, mais aussi parfois plus dynamique) et les obstacles institutionnels pour l'établissement de solidarités régionales (région Caraïbes, région océan Indien) ; arbitrer entre l'autisme de la classe politique française et l'irresponsabilité de la classe politique locale.

Douloureuse confrontation à la réalité que de se situer à « l'ultra-périphérie » de l'Europe et à la périphérie des régionalisations émergentes, d'être face à de nouvelles mutations, comme l'immigration en provenance de pays pauvres, les nouvelles épidémies, etc. Douloureuse, mais fructueuse. Le renoncement à un idéal abstrait concerne aussi la population des DOM ; il faut renoncer à renvoyer sur la « métropole » ou sur les derniers arrivants, toujours plus pauvres (Haïtiens, Comoriens, etc.) les causes du malaise. Quel vivre ensemble voulons-nous construire en s'appuyant sur la parenté *et* la singularité ? Les DOM, ce sont deux siècles et demi d'esclavage, un siècle de colonialisme, soixante ans de postcolonialité. Temps long de l'esclavage, temps plus court de l'engagisme et du colonialisme, temps très court d'une postcolonialité originale : quels savoirs tirer de ces expériences ? C'est pour toutes ces raisons qu'il faut travailler à comprendre l'héritage de l'esclavage dans le présent, pour mieux définir les nouvelles conditions d'une relation.

L'HÉGÉMONIE DU RÉCIT DE RUPTURE

Le thème de la rupture est consubstantiel au récit national. Il faut du sang et de la gloire, des héros et des traîtres. Or, dans l'histoire des DOM, aucun événement ne fait rupture radicale avec la France. Les demandes d'esclaves qui nous sont parvenues parlent du respect des lois ; si ces lois étaient respectées, ils ne seraient pas esclaves. Seuls les royaumes de marrons chercheront à fonder leur légitimité sur la sortie de la société esclavagiste, et cela pour construire une société alternative. Mais ces royaumes n'existent pas dans toutes les sociétés esclavagistes, et les sociétés que les marrons établissent sont le plus souvent fluides, mouvantes, basées sur la fuite et la rapine. Dans les montagnes, les ravines et les forêts où ils cachent leurs camps de repli, ils reconstruisent une organisation sociale où la fuite devient une stratégie de l'affirmation de soi. Ils laissent en héritage le désir de fuir toute contrainte. Le pouvoir colonial leur fera une guerre féroce. Pour Francis Affergan, cependant, ces résistances ne « furent pas à la hauteur des attentes d'une histoire noble, combative et victorieuse [1] ».

Mais cette injonction à une histoire noble, combative et victorieuse est-elle seulement fondée ? En France, on aime se souvenir des discours, des belles phrases, le citoyen est un tribun, la parole signe la révolte. On respecte l'ennemi « brave et vaillant », on aime moins l'adversaire pragmatique, celui qui cherche à négocier. Ainsi donc, la séparation entre la France et ses colonies, si elle doit se faire, ne peut se faire que sous le mode de la rupture. Celui qui a osé rompre avec fracas est respecté, voire admiré, mais celui qui propose de réaménager les relations encourt un certain mépris. En France, il faut *rompre*, et *violemment*, pour pouvoir redéfinir les liens.

Peut-être est-ce un rêve impossible que d'imaginer une parenté qui reconnaîtrait l'éloignement, une république qui reconnaîtrait la différence. Pour les populations des DOM, l'exigence d'égalité et de fraternité portait la certitude que l'*intégration* à la communauté humaine et fraternelle peut et doit se faire sans déni de leur identité. En choisissant l'assimilation politique quand les territoires colonisés demandent la rupture avec la métropole coloniale, elles se sont exclues de l'épopée de la décolonisation. Elles se seraient montrées timides et pusillanimes. Tout au long de leur histoire cependant, leurs révoltes sont des « révolutions de citoyens », selon l'expression de Florence Gauthier [2].

---

1. Francis AFFERGAN, *Martinique, les identités remarquables, op. cit.*, p. 54.
2. Florence GAUTHIER, « Et du citoyen ! », *Chemins critiques*, 1997, vol. 3 : 3-2, p. 194.

Mais en décidant d'intégrer la République française, ces groupes se seraient situés hors de l'histoire, hors de la sphère politique. Leur combat aurait manqué d'une dimension tragique, romantique, héroïque. Paradoxalement, leur intégration, souhaitée, désirée, dans la République française les a marginalisés. Par rapport à l'histoire de la décolonisation en France, qui retient d'abord et avant tout la violence de confrontations débouchant sur des ruptures radicales, les luttes sur ces territoires d'outre-mer apparaissent négligeables. Elles n'appartiennent pas au genre narratif de l'épopée. Cette culture de confrontation rend les Français aveugles à d'autres formes de revendication, et ils effacent de leur souvenir les aspirations à l'interdépendance, à l'invention d'autres liens politiques. Le droit, quant à lui, a su traduire la double dimension d'appartenance et de différence avec la France métropolitaine, mais la reconnaissance d'une altérité culturelle qui ne se limite pas à la musique et la cuisine manque encore.

Le descendant d'esclave est assez bien représenté comme figure de la littérature et de la culture ; on en fait même parfois un figurant – pâle – de l'histoire républicaine, mais il n'apparaît pas comme acteur de la démocratie française. Le Domien n'entre pas dans des catégories familières de la réflexion politique contemporaine – celles de victime du racisme, de victime de la globalisation, de victime soumise à la division Nord/Sud. En réalité, l'exclusion de ces « Français » d'outre-mer – citoyens français à la fois comme les autres et pas comme les autres – remet en question l'épopée de l'intégration républicaine. C'est pourquoi il est aujourd'hui important de comprendre comment et pourquoi ils se sentent souvent exclus de la communauté nationale. Souvent confrontés à un jacobinisme rigide, ils ont du mal à faire entendre leur exigence d'autonomie accrue. La prise en considération de leur singularité exigerait une autre conception de l'État, moins inflexible.

ESCLAVAGE, RACE, CITOYENNETÉ

Régulièrement, le débat revient sur le concept de « race » et le racisme. Qui est raciste ? Comment combattre le racisme ? Livres, déclarations, témoignages, lois ne manquent pas ; responsables politiques, religieux ont fait la critique du concept de « race »[1]. Et pourtant, cette mystification continue à représenter une des formations idéologiques les plus puissantes de l'histoire. L'attraction de cette idéologie simpliste, sa force persistante et sa capacité à produire du fanatisme sont d'autant plus incroyables que ses présupposés doctrinaux, affirmations mensongères et calomnies sont chaque fois analysés, déconstruits, réfutés. Le principe erroné d'une identité raciale n'en a pas moins traversé le temps et l'espace, trouvant de nouvelles configurations et traductions dans le discours social et culturel d'un contexte à l'autre (et nous savons que l'identité racialisée n'est pas propre à l'Europe[2]). En France, la critique du

---

1. Le développement qui suit est extrait de « "Le Nègre n'est pas. Pas plus que le Blanc", Franz Fanon, esclavage, race, racisme », *Actuel Marx*, n° 38, 2005, pp. 45-64.

2. Voir, à ce sujet, Paul GILROY, *Against Race, Imagining Political Culture Beyond the Color Line*, Harvard, Harvard University Press,

concept de « race » est surtout sociologique et psychologique. Les travaux d'analyse politique ne lui ont pas encore fait une place assez importante, à la différence de ce qui passe aux États-Unis et en Angleterre. Dans ces pays qui partagent de nombreuses valeurs avec la France, la plupart des chercheurs mettent le concept de « race » au cœur de leurs analyses politiques, qu'il s'agisse de la constitution de l'identité nationale, des luttes pour la démocratie, etc.

Le rôle qu'a joué la notion de « race » dans la construction de l'identité française a été minoré, voire oublié. Selon Paul Gilroy, « peu semblent enclins aujourd'hui à reconnaître la façon dont le discours racial a façonné les présupposés de la culture politique, la conception de la nationalité et les idéaux d'appartenance à une nation, de progrès, de démocratie, et enfin, d'histoire [1] ». Il est temps que toute discussion sur race et racisme prenne enfin en compte la relation entre égalité et hiérarchie raciale, politique et culture, domination raciale et désir racial. Par exemple, il faudrait lire la Déclaration des droits de l'homme en même temps que le Code noir, les constitutions républicaines en même temps que le Code de l'indigénat, le décret d'abolition de l'esclavage en même temps que le décret transformant l'Algérie en « département français », etc., plutôt que de continuer à en séparer toujours la lecture et l'interprétation.

2000. Gilroy y fait une critique très sévère du discours afrocentriste, qu'il analyse comme une configuration raciste. Il plaide pour un humanisme post-racial, *« beyond the color line »*.

1. Paul GILROY, « Joined-Up Politics and Post-Colonial Melancholia », *ICA Diversity Lecture*, 1999, p. 14.

Mais pour soulever la chape de plomb d'un récit qui exige l'adhésion au dogme d'une France chevalier blanc des idéaux d'universalité, de citoyenneté, de liberté, d'égalité et de fraternité, il faudrait sans doute que la colonie ne soit plus conçue comme espace extérieur, « outre-mer », hors des frontières de la République, mais l'analyser comme un espace où se mettent successivement en application des idées et des pratiques qui trouvent à leur tour leur traduction dans l'espace métropolitain et *vice versa*. Analyser l'impact d'une culture nationale et d'une politique racialisée[1] sur l'invocation de droits individuels qui seraient *color-blind* permet de revenir sur la généalogie de la relation intime entre droit universel et exception raciale. Il faut réintroduire la colonie dans la construction de la nation, de l'identité nationale et de la République française pour mettre en évidence que la notion de « race » n'est pas extérieure au corps républicain et comment elle le hante.

En France, la question raciale est largement niée, tout au plus reconnue comme le symptôme d'une arriération, d'une maladie dont l'origine serait externe. Une tradition d'universalisme abstrait mais fortement militant n'a cessé d'affirmer que la revendication du droit à la différence – peu importe laquelle – contredit le principe républicain d'égalité universelle, qui dans ces cas-là devient un dogme. Car la réalité l'a contredit, et le contredit encore. Pour autant, toute manifestation de spécificité, d'histoire et de culture

---

1. J'emploie le terme « racialisé » pour parler des références à la « race », qu'elles soient explicitées ou masquées, dans le discours et la pratique. « Race » ici renvoie au système de différentiations raciales faites au nom de la « race » dans le monde moderne.

autres que celles de la nation est violemment réprimée. Pour accéder au statut de citoyen, il faut faire la preuve que l'on a su s'émanciper des structures particulières, taxées de particularisme, qu'elles soient culturelles, linguistiques ou religieuses. La citoyenneté ainsi conçue ne renvoie pas simplement aux droits politiques, tel le droit de vote, mais à une culture commune qui établit la frontière entre citoyens et étrangers. L'individu qui ne peut témoigner de cette culture commune est exclu de la communauté des citoyens français. La conception républicaine de la citoyenneté est universaliste – émancipation des particularismes –, mais cette universalité, fondée sur l'idée de raison, peut à la limite conduire à une discrimination, dès lors qu'il est entendu que certains êtres humains sont plus doués de raison que d'autres. L'idée de race – en tant que différence hiérarchisée entre les groupes – affecte la citoyenneté républicaine. Certains sont *plus citoyens que d'autres.*

« Moi, l'homme de couleur, je ne veux qu'une chose : que jamais l'instrument ne domine l'homme. Que cesse à jamais l'asservissement de l'homme par l'homme. C'est-à-dire de moi par un autre. Qu'il me soit permis de découvrir et de vouloir l'homme, où qu'il se trouve. Le nègre n'est pas. Pas plus que le Blanc », écrivait Frantz Fanon, en 1952, dans *Peau noire, Masques blancs*[1], rejetant ainsi explicitement un déterminisme qui voulait faire de lui un « prisonnier de l'Histoire ». Il refusait l'héritage de l'esclavage qui l'aurait enfermé dans le passé : « Vais-je demander à

---

1. FANON, *op. cit.*, p. 187.

l'homme blanc aujourd'hui d'être responsable des négriers du XVIIe siècle [1] ? »

Pour Fanon, l'émancipation se faisait par une *conquête* de la liberté, âpre et violente. Si la liberté était *donnée*, il n'y avait pas émancipation. Or, pour lui, la liberté avait été donnée aux esclaves. « Le nègre n'a pas soutenu la lutte pour la liberté... Le bouleversement a atteint le Noir de l'extérieur. Le Noir a été agi [2]. » Le Noir était donc resté noir, il n'était pas devenu « homme ». L'identité raciale était restée une prison pour le nègre français. Pour s'en libérer, il lui aurait fallu risquer la mort. « Dans une lutte farouche, j'accepte de ressentir l'ébranlement de la mort, la dissolution irréversible, mais aussi la possibilité de l'impossibilité [3]. » Or, le nègre français « ignore le prix de la liberté, car il ne s'est pas battu pour elle », il était donc « condamné à se mordre et à mordre [4]. » Fanon faisait une différence entre le colonisé, le Noir américain et le Noir antillais. Le colonisé et le Noir américain échappaient à l'aliénation, car ils luttaient. Le Noir antillais ne pouvait accéder à la conscience historique, car il essayait d'être un Blanc ; il restait donc enfermé dans la dialectique que le Blanc lui imposait. Selon l'analyse très pertinente de Fanon, le racisme ne crée pas automatiquement des mécanismes de solidarité entre ses victimes. L'Antillais, fit-il remarquer plusieurs fois, se voit « plus "évolué" que le Noir

---

1. *Ibid.*, p. 186.
2. *Ibid.*, p. 90.
3. *Ibid.*, p. 177.
4. *Ibid.*, p. 178-179.

d'Afrique[1] » car l'inconscient collectif martiniquais est « européen[2] ».

Fanon pose la question raciale à partir de plusieurs territoires : les Antilles françaises (surtout la Martinique où il était né), la France, et de manière plus allusive, l'Algérie (où il avait été basé pendant la Seconde Guerre mondiale), les États-Unis et l'Afrique. Ce va-et-vient entre plusieurs territoires révèle la singularité de la France par rapport à l'étude de la « race » et du racisme : l'histoire particulière de ce pays impose que l'on embrasse dans son analyse une *pluralité de phénomènes présents sur plusieurs territoires*, à la différence de ce qui se passe aux États-Unis où l'esclavage a eu lieu sur le territoire national même. Pour Fanon, on ne peut envisager le cas français qu'en tenant compte de l'esclavage *et* du colonialisme, des manifestations racistes en France (antisémitisme, racisme anti-immigrés) et dans les territoires colonisés (racisme esclavagiste, racisme colonial et dans certains cas, racisme esclavagiste *et* colonial), et cela contre l'illusion trop souvent nourrie ici, du fait de l'exterritorialité géographique de l'esclavage et du colonialisme français, que ces phénomènes n'auraient rien à voir avec la République, avec la France.

Dans le discours républicain, le maître a pu apparaître comme l'envers de l'homme civilisé, du citoyen, et l'esclave comme la victime à libérer et à guider, chacun étant « hors » de l'espace français. Or, le maître et l'esclave n'ont existé que grâce au projet colonial français, et ce sont des républi-

---

1. *Ibid.*, pp. 20, 120, 154-155.
2. *Ibid.*, p. 154.

cains qui ont constitué l'empire colonial[1]. À chaque fois, on a invoqué la « race » pour justifier, classifier. La colonisation reposait sur un étrange mélange de réalité – travail forcé, inégalités raciales et sociales – et de fiction – la France bonne et généreuse, inspirée par l'amour des colonisés. La dissociation des études et des recherches semble reproduire cette dichotomie. Il faut donc aujourd'hui promouvoir une lecture croisée des racismes et de leurs manifestations, ana-lyser comment les discours et les représentations racialisées ont pu être *transférés* du territoire colonial au territoire métropolitain et *vice versa*. Ce croisement ne porte pas seulement sur la méthode historique : il est aujourd'hui plus que jamais nécessaire de tenir compte *des* territoires où s'exercent *des* racismes – les « outre-mers », la France hexagonale et l'Europe dans laquelle les outre-mers et la France hexagonale sont intégrées.

UN « NOUVEL HUMANISME »

Fanon n'écrit pas *Peau noire, Masques blancs* dans le but de condamner le racisme. Il conçoit son essai avant tout comme le manifeste d'un « nouvel humanisme ». Il voulait y explorer comment le Noir pouvait devenir un homme, car « le Noir n'est pas un homme[2] ». Ce texte, en dépit de toute sa richesse – ses propositions, ses silences, ses affirmations tranchantes, ses limites – n'est plus étudié en

---

1. Voir Pascal BLANCHARD, Nicolas BANCEL et Françoise VERGÈS, *La République coloniale. Essai sur une utopie*, Paris, Albin Michel, 2004.
2. FANON, *op. cit.*, p. 6.

France, où il a été rangé au rayon du « tiers-mondisme », avec toutes les connotations négatives que suppose cette catégorie, associée à un anti-colonialisme jugé trop extrême, trop simpliste. Une majorité de Français perçoivent encore la colonisation comme une « bonne chose [1] », et les luttes anti-coloniales sont souvent évaluées à l'aune des régimes postcoloniaux dictatoriaux. L'histoire de la colonisation, qui n'a pas encore connu sa révolution méthodologique et conceptuelle, reste le parent pauvre de la discipline. Les recherches sur la post-colonisation sont largement ignorées, ou tout au plus renvoyées aux « Anglo-Saxons », un terme aussi absurde qu'inexact : inexact, car si la théorie postcoloniale et sa critique sont principalement anglophones, les chercheurs qui les ont développées viennent aussi de l'Inde, de Taiwan et d'Afrique.

À cette stratégie d'évitement s'ajoute aussi une tendance à négliger les travaux critiques, s'ils sont l'œuvre de chercheurs de pays anciennement colonisés, mais à les accepter s'ils sont l'œuvre de Français « de souche ». L'exigence de neutralité scientifique abandonne ainsi le champ disciplinaire de l'histoire coloniale qui devient le lieu même où se joue le conflit entre le désir de sauver la « mission

---

1. Benjamin STORA, *Le Nouvel Observateur*, 21-27 octobre 2004, pp. 42-44 : « La société française n'a manifesté ni regret ni remords par rapport à l'Algérie, et, plus généralement, par rapport à son histoire coloniale. Il n'y a jamais eu de repentance. Jamais ! Selon un sondage réalise en novembre 2003, donc après l'affaire Aussaresses et les révélations du Monde sur la torture, 55 % des Français estimaient que la France n'avait pas à demander pardon à l'Algérie pour cent trente années de colonisation. » Voir aussi les débats autour de la loi du 23 février 2005.

civilisatrice » coloniale et le désir d'en faire une histoire critique. Au nom d'un respect de la « mémoire », l'histoire est vidée de sens. La loi du 23 février 2005 est le meilleur symptôme de cette résistance à reconnaître qu'il est impossible de parler d'une « bonne » colonisation. On oppose à chaque « erreur » la construction de ponts et de routes, la vaccination et la fin des épidémies. Mesurer « l'œuvre » de la colonisation au nombre de kilomètres de routes, de « déserts transformés en jardins » et d'actes missionnaires, c'est faire preuve d'une naïveté douteuse. Il est assurément légitime et constructif d'étudier comment la colonisation entraîne des phénomènes de contact de culture et d'idées, mais il est absurde d'arguer de conséquences directes ou indirectes pour justifier la colonisation, c'est-à-dire le droit qu'un peuple s'arroge d'occuper le pays d'un autre peuple et d'en exploiter les richesses. Sans doute l'époque actuelle est-elle à la nostalgie coloniale – ou à la confusion –, puisque la plupart des travaux consacrés à Fanon étudient son œuvre comme témoignant de l'aveuglement idéaliste d'une génération[1].

---

1. Pour une autre approche, cf. Alice CHERKI, *Frantz Fanon, portrait*, Paris, Seuil, 2000, et le dossier « Franz Fanon », *Les Temps modernes*, 2005-2006, pp. 635-636. Voir aussi Alan READ (éd.), *The Fact of Blackness. Frantz Fanon and Visual Representation*, Londres, ICA, 1996 ; Anthony C. ALESSANDRINI (éd.), *Frantz Fanon. Critical Perspectives*, Londres, Routledge, 1999 ; Lewis R. GORDON, T. Denean SHARPLEY-WHITING et Renée T. WHITE (éd.), *Fanon : A Critical Reader*, Londres, Blackwell, 1996 ; Max SILVERMAN (éd.), *Frantz Fanon's Black Skin, White Masks. New Interdisciplinary Essays*, Manchester, Manchester University Press, 2005.

Selon la formule éloquente qui constitue le titre d'un des chapitres de *Peau noire, Masques blancs*, être « Noir » est une *expérience vécue*, qui doit être analysée en tant qu'elle révèle l'idéal disciplinaire, régulateur sur lequel l'ordre racialisé se fonde. La « race » n'est pas une simple aberration à combattre sur le plan rationnel, elle « habite » et organise la vie sociale. Le « Noir » est défini par des discours qui le précèdent et dont il dépend. « Aucune chance ne m'est permise. Je suis déterminé de l'extérieur », précise Fanon [1]. La subjectivité de l'homme « noir » est conditionnée par la notion de « race ». L'aliénation de soi ainsi opérée est intime, radicale, car la connaissance intime que le « Noir » a de lui-même est encore nourrie de ce que « le Blanc » a produit, « mille détails, anecdotes, récits [2] ».

Dès lors que la « race » est devenue consubstantielle à la subjectivité de l'homme « noir », comment peut-on encore imaginer un humanisme universel ? Car si Fanon revient sur cette détermination tout au long de *Peau noire, Masques blancs*, c'est pour réfléchir aux moyens de s'en libérer : « J'étais tout à la fois responsable de mon corps, responsable de ma race, de mes ancêtres [3]. » Comment envisager un humanisme universel, et comment l'atteindre ? Cette traversée du discours raciste et de ses représentations laisse deviner la figure de l'esclave. Son ombre pèse sur le présent, et Fanon reconnaît son existence. Mais s'il assume cette présence, cette parenté interne, c'est « à travers le

---

1. FANON, *op. cit.*, p. 93.
2. *Ibid.*, p. 90.
3. *Ibid.*

plan universel de l'intellect » qu'il prétend les comprendre [1]. Si Fanon analyse combien la « race » est une prison pour l'homme « Noir » et déconstruit l'humanisme universel qui n'a pas su répondre au racisme colonial, il n'en critique pas moins les propositions nativistes qui voudraient faire de l'expérience noire le fondement de l'organisation sociale. L'universalisme post-racial qu'il propose reste cependant vague et imprécis, sinon franchement utopique : le lecteur est d'autant plus en droit de s'interroger sur ses chances que Fanon va pratiquement jusqu'à démontrer que le racisme a envahi les consciences et les inconscients au point de les compromettre peut-être à jamais. Ce pessimisme ne détourne pas Fanon d'une réflexion aiguë sur la place, qu'il juge centrale, que la figure du Noir/esclave occupe dans la pensée française et dans la manière dont la France s'est construite. Cette insistance de Fanon reste d'actualité, car il existe encore trop peu de travaux sur l'identité nationale, la citoyenneté, le racisme, ou les principes de liberté, d'égalité et de fraternité qui rendent compte de la figure de l'esclave. Et quand on parle de « race », on est amené à parler de l'esclave et de la colonie.

ESCLAVAGE ET RECHERCHE

Le *Dictionnaire de philosophie politique* (1998) ne contient aucun article sur la « race », et l'article sur la tolérance, qui aurait pu renvoyer à cette notion, est consacré à la

---

1. *Ibid.*, p. 92.

tolérance religieuse [1]. Dans le *Dictionnaire critique de la République* (2002), aucun article n'est consacré à « race » ou à « racisme ». Le terme de « race » apparaît dans l'article « La République des indigènes » où l'auteur, Emmanuelle Saada, conclut : « Aux colonies, la nation française s'est découverte sous les traits d'une race, ce qui ne sera pas sans marquer les évolutions ultérieures de la République [2]. » Ces évolutions ultérieures marquées par la « race » ne sont pas explicitées ailleurs.

Quand il s'agit de présenter la France moderne, l'histoire des femmes, des ouvriers [3] ou l'histoire politique, la colonie est oubliée. S'il est parfois question de la race quand on analyse l'empire colonial, il est frappant de constater que la plupart des travaux ne mentionnent jamais la figure de l'esclave. Dans la majorité des études sur le racisme, c'est le colonisé qui est au centre de la réflexion, qu'il soit « arabe » ou « noir. » Or la racialisation du monde s'opère déjà durant l'esclavage, même si ce n'est qu'*après* son abolition que la notion de « race » intègre plus largement le social, le culturel et le politique. Dans l'imaginaire européen, l'esclave est à jamais racialisé : être esclave, c'est être noir, et être noir c'est

---

1. Philippe RAYNAUD et Stéphane RIALS (éd.), *Dictionnaire de philosophie politique*, Paris, PUF, 1998.

2. Vincent DECLERC et Christophe PROCHASSON, *Dictionnaire critique de la République*. Paris, Flammarion, 2002, p. 370.

3. Pour des propositions sur une révision des récits, voir le projet et ses critiques du « Centre de ressources et de mémoire de l'immigration », dont la première page du site web annonce « Leur histoire est notre histoire. » « Leur » = l'histoire de celles et ceux qui sont venus s'établir en France, www.histoire-immigration.com.

être destiné à l'esclavage. Il me semble pourtant nécessaire de revenir sur cette figure.

Comment cependant étudier l'ombre de l'esclavage sans tomber dans la dénonciation du *texte maître (master text)*, celui de « l'homme blanc ». Dominick LaCapra propose la méthodologie suivante : 1) étendre le champ des références au-delà du corpus canonique ; 2) donner à la question de la race une place prééminente, en étudiant déjà comment ce canon s'est établi ; et, 3) prendre en considération le contexte historique dans lequel les textes canoniques sont produits, reçus et appropriés[1]. Il s'agit de comprendre comment l'expérience de l'esclavage, de l'exploitation et du racisme a fait de « l'expérience vécue du noir » une expérience unique de la conscience historique[2].

L'INTROUVABLE STATUT DE L'OUTRE-MER

L'interrogation sur le statut administratif à donner à l'outre-mer n'a cessé de revenir dans les débats parlementaires. Je ne reviendrai pas ici sur leur contenu et leurs déboires, je propose d'analyser ce que le débat purement administratif peut parfois cacher, dans la mesure où la question du « statut » a mobilisé des forces antagonistes, les

---

1. Dominick LaCapra, « Introduction », in Dominick LaCapra (éd.), *The Bounds of Race. Perspectives on Hegemony and Resistance*, Ithaca, Cornell University Press, 1991, p. 3. Voir dans même volume, les essais de Henry Louis Gates Jr. et Kwame Anthony Appiah.

2. David Lionel Smith, « What Is Black Culture ? », in Wahneema Lubiano (éd.), *The House That Race Built*, New York, Vintage, 1998, pp. 178-184, p. 187.

rêves et les aspirations des populations ultramarines. On pourrait dire que la question posée était la suivante : quel est mon statut dans la République française ? Comment s'opère la transformation de l'esclave et du colonisé en citoyen ? Les populations des DOM voulaient la citoyenneté, mais refusaient « l'identité culturelle française. » Jacky Dahomay explique ainsi la différence : « Assimiler, c'est demander à l'autre de renoncer à sa propre culture. L'intégration républicaine ne doit pas exiger de l'autre le renoncement à sa propre culture comme cela a été fait par le passé. Elle ne doit viser que l'intégration politique, c'est-à-dire la reconnaissance d'une culture politique commune à tous les citoyens français, quelle que soit leur origine. Seule l'affirmation de cette identité politique commune, qui reconnaît pourtant publiquement la diversité culturelle, peut avoir valeur transcendantale et servir comme d'équivalent général permettant aux différentes cultures qui composent la France de s'interpénétrer, de circuler positivement, et d'enrichir la nation [1]. »

Ces « impossibles citoyens [2] », selon l'expression de Sophie Wahnich, se sont heurtés aux limites définies par une nation qui avait pourtant affirmé l'universalité du droit. La Révolution française fut assimilatrice, non pas simplement parce qu'elle pratique une assimilation coloniale, mais assimilatrice parce que profondément convaincue de son droit et désirant faire partager cette conviction coûte que coûte ; et elle n'hésita pas à recourir à la violence, à partir du

---

1. www.m-g-g.com.
2. Sophie WAHNICH, *L'Impossible Citoyen. L'étranger dans le discours de la Révolution française*, Paris, Albin Michel, 1997.

moment « où le rêve universaliste [s'est confondu] avec l'hé-gémonie française [1] », où « l'ethnocentrisme est [devenu] roi [2] ». Dès lors, le rapport à « l'étranger » se construit sur le modèle d'une fraternité qui « n'est ni une donnée *a priori*, ni l'effet de la réciprocité de la souveraineté », mais qui est le « signe d'une reconnaissance réciproque inégale entre nation dominante et nation dominée [3] ». La situation dans laquelle les sociétés post-esclavagistes, ces bâtardes de l'Europe, selon l'expression de James Baldwin, se sont ainsi retrou-vées a produit de profondes ambivalences : elles se savent différentes de la communauté française, elles se vivent ainsi, et pourtant cette différence leur est déniée, alors même qu'elles bénéficient, en tant que membres de la Nation fran-çaise, de privilèges qui les distinguent d'autres communau-tés environnantes dont l'histoire présente des similitudes avec la leur. En France, leurs membres sont parfois victimes de racisme, mais jamais menacés d'expulsion ; victimes de la solitude certes, mais jamais menacés d'être séparés de force de leur famille ; soumis souvent à des conditions de vie et de travail difficiles certes, mais jamais obligés de subir des heures d'attente et d'humiliation afin d'obtenir une carte de résident. Chez elles, elles bénéficient de l'État providence, elles sont « françaises » et « européennes », et se targuent souvent d'une « supériorité » par rapport aux populations

---

1. *Ibid.*, p. 360.
2. *Ibid.*
3. *Ibid.*, p. 356. C'est moi qui souligne. S. Wahnich rappelle qu'en 1794, on refusa de porter secours aux réfugiés de la Martinique et de Tobago, car « les malheureux [n'étaient] plus les puissances de la terre ». Le devoir de compassion, qui avait animé les premières années de la Révolution, s'estompait.

post-coloniales qui les entourent (racisme anti-haïtien, anti-dominicains aux Antilles, anti-mauricien, anti-malgache, anti-comorien à La Réunion). Mais ce « privilège » est à double tranchant : comment faire entendre vos revendications, vos plaintes si, en tant que Français, vous appartenez à une catégorie qui vous retranche de votre environnement immédiat et par ailleurs sape vos prétentions à la reconnaissance de votre spécificité ?

Ces sociétés issues de l'esclavagisme et de la traite sont traversées par de fortes tensions sociales et raciales. Elles ne sont pas à l'abri de dérives. Leur histoire politique est aussi celle de lâches compromissions, de conservatisme réactionnaire et d'un conformisme social étouffant. Épier le voisin, dire du mal, jouir du malheur des autres, jalousie, envie traversent ces sociétés insulaires. On adore envoyer des lettres anonymes pour dénoncer le voisin, l'élu, etc. Nombreux sont ceux qui, en leur sein, subissent une indéniable fascination pour l'homme fort, le *caudillo* du monde latino-américain, ce qui favorise un courant anti-démocratique. À La Réunion, on a inventé le « coup de gueule », ce moment de défoulement sur les ondes ou dans les colonnes des journaux, anonyme bien sûr, où chacun se soulage de la rancœur et de la peur. On cherche le bouc émissaire : le Haïtien, le Comorien, l'élu, etc. S'agissant de la Guadeloupe en 2005, Jacky Dahomay décrit un « déferlement d'idées et de pratiques xénophobes. La presse nationale n'en parle pas. Or, des pogroms antihaïtiens s'organisent déjà. Nous sommes certains citoyens à être la cible d'une certaine radio locales fascisante qui ne cesse quotidiennement de nous diffamer de façon grave sans que le CSA s'en émeuve[1] ». On est fier que des écrivains soient reconnus à « Paris » pour aussitôt leur reprocher de « trahir ». On réclame le créole à l'école publique, mais on fait en sorte que ses propres enfants apprennent le français et une langue étrangère. On réclame une plus grande responsabilité politique, tout en exigeant de la France qu'elle protège de tout. La problématique de la dette, que ce soit dans les termes « Vous devez tout à la France » ou « La France nous doit ! » enferme dans un cycle pervers de réclamations jamais assouvies, d'irritations et d'insatisfactions. La rhétorique d'une France « bonne et généreuse », d'une « Mère-Patrie » protectrice a dominé les années 1960-1970, où elle fut utilisée pour contenir les mouvements communistes ou néo-communistes, dits « séparatistes ». Elle a eu des effets négatifs : on attend tout de la France, tout en le lui reprochant. Dans ces années-là, on avait pour référence une France « éternelle », sans luttes de classes, ni mouvements sociaux, ni mouvements intellectuels. Sur les plans social et économique, l'État entretenait la dépendance : l'égalité devait être appliquée progressivement, très lentement surtout, car il ne fallait pas bouleverser l'ordre social. Le discours des années 1960 – « l'outre-mer, c'est la France » – cachait un objectif idéologique, de perversion de la mémoire locale : il s'agissait de faire oublier les inégalités de l'esclavage et du colonialisme, les effets du racisme colonial, et de refouler toute référence à des rituels, des imaginaires, des pratiques qui eussent pu révéler les processus de créolisation, l'interculturalité entre des mondes.

---

1. cf. www.m-g-g.com.

Ainsi la langue créole était-elle interdite dans les médias et à l'école, elle n'était du reste pas considérée comme une langue mais comme un « patois » à la fois gentil et arriéré ; les temples hindous étaient sommés d'arborer le drapeau français ; et des récits fictifs étaient transformés en vérités historiques. L'image de terres heureuses, sages et enfantines recouvrait l'histoire de ces terres où violence, exil, isolement et brutalité avaient construit une société conflictuelle. Dans « La réalité de mon pays face à mes idéaux de poète », Nicole Cage-Florentiny évoque un quotidien sombre :

> Car sur la terre où j'habite, le crack fait naufrager le cerveau de la jeunesse.
>
> Sur la terre où j'habite des jeunes peuvent tuer un autre jeune pour lui ravir son scooter et ne pas même mesurer l'horreur de leur acte, des bandes rivales s'affrontent dans une ambiance pur-Bronx, les promenades au clair de lune deviennent défi à la prudence et enseigner un risque majeur quotidien.
>
> Sur la terre où j'habite des jeunes désœuvrés peuvent pénétrer dans l'intimité d'une maison choisie au hasard et en tuer le propriétaire pour lutter contre l'ennui sans comprendre ce qui leur est reproché.
>
> Sur la terre où j'habite fleurissent les Mac-Do, pizzerias ambulantes et autres fast-foods, le modèle américain s'immisce au fond des palais, s'incruste dans le mental via le petit écran qui s'est transformé en baby-sitter moderne, les enfants deviennent obèses, la musique assourdit [1]...

Anthropologues, psychologues, travailleurs sociaux, observateurs de ces sociétés parlent tous de l'inquiétude

---

1. Martinique, 28 décembre 2005. www.africultures.com.

sourde qui envahit ces territoires : leurs économies tradi-
tionnelles sont dévastées, soumises aux décisions de « Paris »
et depuis quelques années de « Bruxelles ». Que sera l'avenir ? L'angoisse, la peur nourrissent l'agressivité : il faut
trouver un coupable. La haine de soi se mue en haine
de l'autre. Pour Jacky Dahomay, c'est le délitement des
identités politiques qui explique, au moins en partie, ces
replis identitaires mortifères. Les populations expriment
une grande ambivalence identitaire et de puissants senti-
ments d'envie et de ressentiment envers ceux qu'on appelle
les « zoreys », les Français venus de France.

Le refoulé travaille aussi la France hexagonale. Il fait
un retour sous la forme du « problème immigré » et de
nouveaux déchaînements racistes. La « différence entre
sujet français et *citoyen* français inscrite par la conquête
coloniale comme différence interne à la détermination juridique de l'être-français [1] » continue à produire des effets.
« Le républicanisme français s'identifie à l'universalisme, ce
qui entraîne le plus souvent le rejet ou l'infériorisation
de ceux qui sont « différents...Nous sommes marqués par
une tradition coloniale », écrit Alain Touraine [2]. Le *racial
impensé* laisse la porte ouverte à des dérives ou des formes
de réenchantement de la tradition, ou d'absolutisme culturel. Dans les DOM, la citoyenneté paradoxale a eu pour
conséquence que les élites locales ont de plus en plus
renoncé à leur aspiration légitime à participer pleinement

---

1. Jacques RANCIÈRE, « La cause de l'Autre », *Lignes*, n° 30, février
1997, pp. 36-49. p. 44.
2. Alain TOURAINE, « Les Français piégés par leur moi national »,
Le Monde, 8 novembre 2005, p. 37.

au débat sur la politique des diversités pour se tourner vers des revendications linguistiques, culturelles et ethniques, qui sont plus souvent l'expression d'un narcissisme blessé.

DÉSILLUSIONS ET RÊVES

Cela fait des décennies déjà que chômage et perspectives de développement réduites constituent le quotidien des Domiens. Il a fallu plus de cinquante ans de luttes incessantes pour que les promesses de la départementalisation soient enfin tenues (le RMI des DOM est finalement aligné sur le RMI français en 2002). On entend pourtant encore très souvent un « Que feraient-ils sans la France ? », sur fond de refus de reconnaître l'altérité culturelle et sociale de ces sociétés. Et surtout, ces positions expriment un profond mépris pour des populations obligées de se débrouiller avec un héritage plombé et un présent inquiétant : que peuvent compter la banane antillaise et le sucre réunionnais à l'heure de la nouvelle mondialisation, quand des pays peuvent produire ces denrées pour des coûts nettement plus faibles ? L'économiste réunionnaise Nadia Alibay a montré que les transferts publics (l'argent des aides sociales) ont permis aux populations de se maintenir juste au-dessus du taux de pauvreté, tel qu'il est défini par le calcul économiste monétaire : le taux de pauvreté est de 7 % à La Réunion, de 20 % en Guyane, de 8,3 % en Guadeloupe, de 8,5 % en Martinique, mais serait 20 % plus élevé en l'absence des transferts. À La Réunion, 25 % de la population bénéficie du

RMI[1] ! On peut choisir de qualifier ces gens d'« assistés », en insinuant que c'est ce qu'ils désirent, ou on peut se demander pourquoi des citoyens français vivent aujourd'hui dans ces conditions.

Il est aussi juste de rappeler la dure répression qui a frappé les luttes dont ces territoires ont été le théâtre, dans les années 1960 et 1970, alors que les populations se mobilisaient largement contre les fraudes électorales privilégiant les candidats des grands propriétaires, contre la violence de leurs hommes de mains, les nervis, contre le mépris et le racisme, mais aussi pour l'autonomie et, de manière moins massive pour l'indépendance. On se souvient dans l'outre-mer de l'Ordonnance Debré d'octobre 1960, qui donnait au préfet le « pouvoir de suspendre de leurs fonctions et, s'il y a lieu ordonner le retour dans la Métropole de tout fonctionnaire[2] ». Du jour au lendemain, plusieurs fonctionnaires furent ainsi punis pour leur activité syndicale et politique dans les DOM ; mutés, ils durent partir avec leurs familles dans des villes de province ou dans des banlieues, dont ils ne connaissaient rien. Aimé Césaire dénonça à l'Assemblée nationale le caractère illégal et arbitraire de cette ordonnance. Mais il fallut attendre vingt-cinq années, ponctuées de pétitions et de grèves de la faim pour qu'elle soit enfin abrogée. En 1974, la répression meurtrière d'une

---

1. La Réunion, c'est 1 % de la population française et 10 % des Rmistes de France. Communication de Nadia Alibay, Colloque « 1946-2006 : bilan et perspectives. Regards croisés des Réunionnais de la diaspora », organisé par l'association Amarres, 18 mars 2006, www.amarres.org.

2. Eugène ROUSSE, *Combat des Réunionnais pour la liberté*, Saint-Denis, Réunion, Éditions CNH, 1994, p. 24.

grève endeuille la Martinique. Le 14 février, sur le plateau de Chalvet à Basse Pointe, des ouvriers se retrouvent en face des forces de l'ordre qui n'hésitent pas à utiliser leurs armes. Au cours de cette fusillade qui fait de nombreux blessés, on relève un mort : llmany Sérier, dit Renor. L'enterrement donne lieu à une manifestation, « llmany nous te vengerons », « à bas la répression coloniale, songé l'Algérie, songé l'Indochine, Martinique *lévé*[1] ». Deux heures avant l'enterrement, le corps d'un jeune homme de dix-neuf ans, Marie Louise, est découvert sur une plage de Basse-Pointe, non loin de Chalvet. Très vite les témoignages laissent entendre que Marie Louise se trouvait dans un groupe impliqué dans un affrontement avec les policiers[2]. Les circonstances de la mort de Marie Louise ne seront jamais élucidées, et plusieurs des ouvriers agricoles ou indépendantistes sont arrêtés, poursuivis en justice, condamnés à des peines de prison avec sursis qui seront aussitôt amnistiées. La presse nationale s'émeut peu de ces événements. Trente ans plus tard, ils continuent pourtant de résonner en Martinique, et les paroles de la chanson composée par Kolo Barst, « Enfants, enfants écoutez ce qui s'est passé : c'était en février 1974, dans un champ d'ananas, tout près de la commune de Basse-Pointe, sur l'habitation Chalvet dont les terres appartiennent au béké » sont aujourd'hui sur toutes les lèvres. Il y a eu des procès, des morts – et de la censure.

Il n'est pas si simple d'analyser la situation de l'outre-mer et de construire un discours pertinent. Comme nous

---

1. « Souvenez-vous de l'Algérie, souvenez-vous de l'Indochine, Martinique debout ! »

2. www.bondamanjak.com.

l'avons vu, le mot recouvre plusieurs territoires très différents les uns des autres. Et pourtant, au-delà de leur diversité, en termes d'histoire, de culture, d'économie, de perspective, de langue et même d'aspiration, des expériences partagées produisent une certaine communauté de destin : esclavage, engagisme, colonialisme, départementalisation... À cet ensemble de territoires paradoxalement séparés et unis s'ajoute encore un autre territoire, avec ses propres dynamiques, appelé le « Cinquième DOM » : l'ensemble des ultramarins qui vivent en France métropolitaine et dont l'action pour faire émerger la mémoire de l'esclavage dans l'espace public a été déterminante. La politique d'émigration qui démarre dans les années 1960 des DOM vers la France métropolitaine a pour but d'enrayer le chômage et de canaliser le mécontentement. Les Antillais forment les deux tiers d'une population qui comportaient en 1999 585 000 personnes [1]. La mémoire de l'esclavage hante l'insertion de ces « immigrés ». Claude-Valentin Marie [2], qui a longuement étudié ces citoyens, donne des informations qui sont au cœur du débat qui nous touche : les ultramarins sont, en majorité, demeurés agents de catégorie B ou C dans la fonction publique (c'est-à-dire les postes les moins qualifiés) ; il y a une majorité de femmes parmi eux, et elles

---

1. Ces derniers sont d'ailleurs un nombre équivalent ou presque à la population de la Martinique ou de la Guadeloupe (337 000) à la même date.

2. Claude-Valentin MARIE, « Le Cinquième DOM : Mythe et réalités », *Pouvoirs*, L'Outre-mer, 2005, 113, pp. 171-182. Voir aussi Wilfrid BERTILE, Alain LORRAINE et le collectif Dourdan, *Une communauté invisible. 175 000 Réunionnais en France métropolitaine*, Paris, Karthala, 1996.

sont actives ; ils connaissent une « vulnérabilité au chômage très supérieure à la moyenne nationale et comparable à celle des étrangers les plus défavorisés » ; le taux de chômage des jeunes de moins de 25 ans est nettement supérieur (26,1 %) à celui des métropolitains (16 %) ; la situation serait même plus défavorable pour ceux qui sont nés en métropole (taux de 27 %). Les associations réunionnaises parlent aussi de fort taux de chômage et de sans-logis chez les jeunes hommes et de difficultés d'insertion dans la société française parfois plus grandes que pour des « étrangers ». Cette réalité, bien différente des rêves qui ont porté la migration vers la France, brise des illusions que les médias avaient contribué à créer et qu'ils continuent parfois encore à entretenir. L'amertume et la colère des ultramarins de France hexagonale s'expliquent encore mieux lorsque l'on compare leurs difficultés avec les facilités d'installation des « métropolitains » dans les DOM, que Marie montre en forte croissance, ces dernières années. « L'analyse des effets de la qualification, du lieu de naissance et de la résidence antérieure sur l'accès à l'emploi montre que le label "métropolitain" fonctionne toujours comme une sorte de prime à l'emploi », écrit-il [1]. Ces inégalités, qui sont encore plus marquées s'il s'agit d'une femme, s'observent aussi au niveau de la profession exercée : à diplôme égal, le « métro » a plus de chance que le « natif », et il a plus de chance d'obtenir un poste de décision. « Pour atteindre des taux d'emploi proches de métropolitains, les natifs diplômés de l'université doivent souvent accepter des postes de niveau inférieur à leur qualification », remarque

---

1. *Ibid.*, p. 178.

Marie. Ces inégalités à l'emploi témoignent d'une disparité structurelle. Elles ne sont pas le produit d'un fantasme communautariste. Nier ces réalités, ne pas les étudier ouvre la porte aux discours manipulateurs et populistes.

Mais pour combattre ces dérives, encore faut-il que les réalités des populations ultramarines soient acceptées. Bien sûr, l'historien, l'anthropologue, le sociologue, le philosophe, le citoyen peut décider de ne pas les étudier. C'est tout à fait légitime, mais il doit comprendre que ce choix le condamne à limiter sa recherche à une partie de la nation, celle vivant sur le « sol de France » ; il produira alors une recherche *localisée* sans nécessaire implication pour *tous* les citoyens. Si les Domiens ne trouvent pas peu à peu leur place dans la « communauté française imaginaire » dont ils ont été exclus jusqu'à aujourd'hui, les codes gouvernant les représentations sociales resteront les mêmes. Le racisme se banalise, nous dit-on. On racialise la délinquance. La force revendique à nouveau une légitimité dont elle avait été vidée au profit de la parole. Le « narcissisme des minorités » que Jacques Derrida dénonçait semble plus que jamais présent. Les termes du débat, tels que certains « domiens » les proposent – Maryse Condé, Jacky Dahomay, Frédéric Régent, Carpanin Marimoutou, Caroline Oudin-Bastide parmi tant d'autres – ouvrent cependant une perspective. Soulignant les dangers que fait courir à notre société le refoulement de la mémoire de l'esclavage et de ses répercussions sur le présent, ils invitent à revenir sur l'histoire esclavagiste et coloniale, et mettent en perspective le renouveau que cette démarche devrait offrir. Dès lors que l'on aura compris et expliqué comment la notion de race a su détourner les promesses de l'humanisme des Lumières, il sera possible de dégager des principes politiques et éthiques à même de fonder des relations plus justes et plus équitables. Le dépassement de la notion de différence raciale, cet héritage de l'esclavage, pourrait ouvrir à la solidarité post-raciale que Fanon aura rêvée et qui ne pourra advenir qu'à la condition d'une étude fine des espoirs et des faiblesses de l'abolitionnisme des esclaves et des abolitionnismes européens, et des discours anti-racistes. La complexité des divisions sociales, la multi-territorialisation des mémoires produites par l'esclavage et des stratégies sociales qu'elles engendrent, le croisement des identités, l'émergence de nouvelles formes de pauvreté, posent sous un jour nouveau la question de la solidarité. La réflexion théorique offrira des réponses, mais elle permettra aussi d'envisager de nouvelles pratiques et de nouvelles alliances. La mémoire de l'esclavage ne doit pas être privatisée, ethnicisée : elle doit, en incitant à la recherche, à la création, contribuer à construire un présent plus équitable et à imaginer un avenir plus juste.

Conclusion

« Ceux sans qui la terre ne serait pas la terre[1] »

J'ai voulu évité une conclusion qui alignerait les « il faut que » et les « nous devons ». Mais il fallait conclure sans oublier une nouvelle fois les esclaves. J'ai donc choisi de donner la parole aux romanciers et aux poètes, aux esclaves et aux populations issues de l'esclavage dont les expressions vernaculaires transmettent cette histoire. Sans doute ces voix sont-elles fragiles ; pourtant ces témoignages nous restituent ce que fut l'expérience vécue de l'asservissement, dans un exil où tout devait être oublié, et l'héritage de l'esclavage.

L'esclave, lui, était sommé d'oublier sa langue : il se retrouvait au milieu de langues étrangères, et tout ce qui lui était familier était resté là-bas, dans ce pays où il ne reviendrait plus. Pour survivre, il devait constamment traduire à la fois les gestes, les mots, les expressions de ceux qui l'entouraient, et cet effort était pour lui toujours à recommencer. Contre ce destin de mutisme, des poètes, des romanciers, des chanteurs ont voulu rendre à l'esclave sa

---

1. Aimé CÉSAIRE, *Cahier d'un retour au pays natal*, Paris, Présence africaine, 1983, p. 46.

singularité, ses rêves, ses joies et ses peines, ses peurs et ses espoirs, et enfin sa conscience. Il leur a fallu entreprendre un nouveau travail de traduction, pour inventer une langue et des expressions à même de dire la ruse et l'effroi, la survie et l'oubli, la solitude et l'espoir.

Ces paroles disent plus que n'importe quel discours froid et rationnel sur la barbarie de l'esclavage. Dans « le silence retentissant et dangereux des choses non dites[1] », ces mots disent la prière, l'aspiration à la liberté, la révolte. Ils évoquent des femmes et des hommes qui nous ont légué le monde où nous vivons. Que serait le monde sans eux, sans ce qu'ils ont créé ? Que seraient le Brésil, les Caraïbes, les Amériques, l'Europe, l'océan Indien sans cette *présence africaine*, cette part africaine qui a rencontré d'autres présences, souvent sur le mode du heurt et de la violence, et a construit avec elles, qu'elles soient caribéenne, asiatique, européenne, musulmane, de nouvelles cultures ? Musiques, cuisine, littérature, formes musicales, contes, légendes, langues, savoirs, etc., c'est aussi cet héritage dont il faut se souvenir.

États-Unis, Phillis Wheatley, jeune esclave, 1786. Un des premiers poèmes connus écrit par une esclave[2].

> Toute jeune encore, le sort cruel
> M'arracha d'Afrique, berceau fortuné.
> Quels tourments, quelles douleurs
> Ne durent pas déchirer le cœur de mes parents ?

---

1. James A. BALDWIN, *The Price of the Ticket. Collected Nonfiction 1948-1985*, New York, Saint Martin Press, 1985, p. 65
2. Trad. Jean-François Chaix, in Mayse CONDÉ, *La Civilisation du Bossale*, Paris, L'Harmattan, 1978, p. 53.

I, young in life, by seeming cruel fate
Was snatch' from Africa fancy'd happy seat :
What pangs excrutiating must molest,
What sorrows labour in my parents' breast ?

Martinique, Extrait d'une lettre anonyme adressée aux autorités de Saint-Pierre, Martinique, août 1789 [1].

La nation entière des Esclaves Noirs réunis ensemble ne forme qu'un même vœu, qu'un même désir pour l'indépendance, et tous les esclaves d'une voix unanime ne font qu'un cri, qu'une clameur pour réclamer une liberté qu'ils ont justement gagnée par des siècles de souffrances et de servitude ignominieuse. Ce n'est plus une Nation aveuglée par l'ignorance et qui tremblait à l'aspect des plus légers châtiments ; ses souffrances l'ont éclairée et l'ont déterminée à verser jusqu'à la dernière goutte de son sang plutôt que de supporter davantage le joug honteux de l'esclavage, joug affreux blâmé par les lois, par l'humanité par la nature entière, par la Divinité et par notre bon Roi Louis XVI.

La Réunion, Évariste Parny, poète de l'île Bourbon, *Chants madécasses*, Chant V, 1808 [2].

Méfiez-vous des Blancs, habitants du rivage. Du temps de nos pères, des Blancs descendirent dans cette île ; on leur dit : « Voilà des terres ; que vos femmes les cultivent. Soyez justes, soyez bons, et devenez nos frères. »

---

1. Laurent DUBOIS, *Les Esclaves de la République. L'histoire oubliée de la première émancipation, 1789-1794*, Paris, Calmann-Lévy, 1998, p. 91.
2. *Œuvres de Parny*, Paris, Chez Debray, 1808, pp. 64-65.

Les Blancs promirent et cependant ils faisaient des retranchements. Un fort menaçant s'éleva ; le tonnerre fut renfermé dans des bouches d'airain ; leurs prêtres voulurent nous donner un Dieu que nous ne connaissions pas ; ils parlèrent enfin d'obéissance et d'esclavage : plutôt la mort ! Le carnage fut long et terrible ; mais, malgré la foudre qu'ils vomissaient, et qui écrasait des armées entières, ils furent tous exterminés. Méfiez-vous des Blancs.

Nous avons vu de nouveaux tyrans, plus forts et plus nombreux, planter leur pavillon sur le rivage ; le ciel a combattu pour nous ; il a fait tomber sur eux les pluies, les tempêtes et les vents empoisonnés. Ils ne sont plus, et nous vivons, et nous vivons libres. Méfiez-vous des Blancs, habitants du rivage.

Guadeloupe, Proclamation de Louis Delgrès, 10 mai 1802, Commandement de la Basse-Terre, alors que les troupes de Napoléon, venues rétablir l'esclavage en Guadeloupe, attaquent les derniers résistants dirigés par Delgrès, ce dernier, officier de l'armée républicaine, Libre, écrit cette proclamation.

C'est dans les plus beaux jours d'un siècle à jamais célèbre par le triomphe des lumières et de la philosophie qu'une classe d'infortunés qu'on veut anéantir se voit obligée de lever la voix vers la postérité, pour lui faire connaître lorsqu'elle aura disparu, son innocence et ses malheurs.

Victime de quelques individus altérés de sang, qui ont osé tromper le gouvernement français, une foule de citoyens, toujours fidèles à la patrie, se voit enveloppée dans une proscription méditée par l'auteur de tous ses maux.

[...]

Osons le dire, les maximes de la tyrannie les plus atroces sont surpassées aujourd'hui. Nos anciens tyrans permettaient à un maître d'affranchir son esclave, et tout nous annonce que, dans le siècle de la philosophie, il existe des hommes malheureusement trop puissants par leur éloignement de l'autorité dont ils émanent, qui ne veulent voir d'hommes noirs ou tirant leur origine de cette couleur, que dans les fers de l'esclavage.

[...] Et toi, postérité ! accorde une larme à nos malheurs et nous mourrons satisfaits.

États-Unis, Hannah Crafts, *Autobiographie d'une esclave*, édition établie par Henry Louis Gates Jr., extrait, 1850 [1].

De ma famille, je ne savais rien. Nul ne me parla jamais de mon père ou de ma mère, mais je ne tardai pas à découvrir quelle malédiction était attachée à ceux de ma race, à apprendre que le sang africain dans mes veines m'excluait à jamais des couches sociales plus élevées, que le labeur, le labeur sans fin et sans salaire, serait mon lot et mon destin, ne me laissant même pas l'espoir ou la perspective d'une amélioration quelconque de mon sort ...

William E. B. Du Bois, *Les Âmes du peuple noir*, 1903. Du Bois, Africain-Américain, par ses écrits et son autorité intellectuelle marquera les États-Unis. Dans *Les Âmes du peuple noir (The Souls of Black Folks)*, Du Bois examine l'histoire des Noirs américains, la culture vernaculaire, les

---

1. Trad. Isabelle Maillet, Paris, Payot, 2006, p. 64.

luttes, et affirme que le racisme est un problème central de la démocratie américaine. Extrait[1].

> Ensuite vinrent les esclaves noirs. Jour après jour se faisait entendre dans ces riches terres marécageuses le martèlement des pieds enchaînés, en marche depuis la Virginie et la Caroline vers la Georgie. Jour après jour résonnaient du Flint au Chickasahatchee les chants des hommes endurcis, les pleurs des orphelins et les malédictions étouffées des malheureux, jusqu'à ce qu'en 1860 ils aient constitué à l'ouest de Dougherty ce qui fut sans doute le plus riche royaume d'esclaves que le monde ait jamais connu. [...] « Cette terre était une antichambre de l'enfer », me dit un homme à la peau sombre, au visage grave, vêtu de haillons... « J'ai vu des négros tomber raides morts dans les sillons, mais on les poussait sur le côté, et la charrue continuait à passer. Là, en bas, dans la maison du gardien, c'est là que le sang coulait. »

Chant d'esclave, États-Unis[2].

> Il n'y a pas de pluie pour t'inonder
> Il n'y a pas de soleil pour te brûler,
> Oh, avance encore, frère
> Je veux rentrer à la maison.

Proverbes et expressions des Antilles[3].

> Un nègre, c'est un cyclone et un tremblement de terre
> Lui faire du bien, c'est battre le bon Dieu

---

1. William E.B. DU BOIS, *Les Âmes du peuple noir*, Paris, Éditions Rue d'Ulm, 2004, pp. 120-121.
2. *Ibid.*, p. 244.
3. Maryse CONDÉ, *op. cit.*

Si le travail était une bonne chose, ce n'est pas le nègre
qui le ferait

Le nègre cherche le travail avec un fusil pour le tuer

La déveine, c'est le frère du nègre

Si on est nègre, c'est pour toute la vie

Laid comme un Kongo, borné comme un nègre

Proverbes d'Angola [1].

L'enfant va où il est né

L'esclave va où on l'a acheté

La procréation donne seigneurie

La stérilité donne esclavage

Chant Kple sur la traite, Ghana, entre 1680 et 1742 [2].

Qui a encore les siens ?
Ils ont pris tous les enfants ;
[...]
Ils ont pris tous les enfants de Sakumo,
Sakumo n'a plus personne.
Vous avez pris tous les enfants de Dode,
Hélas, Dode n'a plus personne.
Ils ont emmené tous les enfants de Dode,

1. José DOMINGOS PEDRO, « L'Angola et les témoignages oraux liés à la traite négrière et à l'esclavage », in *Tradition orale et archives de la traite négrière*, Paris, Unesco, 2001, pp. 77-84, p. 79-80.

2. Akosua PERBI, « Tradition orale et traite négrière au Ghana », in *Tradition orale et archives de la traite négrière*, Paris, Unesco, 2001, pp. 85-90, p. 87.

Hélas, vous avez capturé toute la population
[du Grand Accra.
Vous avez laissé les non-circoncis emmener
[toute la population du Grand Accra ;
Vos Akim ont razzié le Grand Accra ;
C'est fini.
Ils ont emmené tous ceux d'Accra ;
Et voilà Accra dépeuplé.

Aimé Césaire, *Cahier d'un retour au pays natal*[1], 1939.
Extrait.

Et ce pays cria pendant des siècles que nous sommes des bêtes brutes ; que les pulsations de l'humanité s'arrêtent aux portes de la négrerie ; que nous sommes un fumier ambulant hideusement prometteur de cannes tendres et de cotons soyeux et l'on nous marquait au fer rouge et nous dormions dans nos excréments et l'on nous vendait sur les places et l'aune de drap anglais et la viande salée d'Irlande coûtaient moins cher que nous, et ce pays était calme, tranquille, disant que l'esprit de Dieu était dans ses actes.

J'entends de la cale monter les malédictions enchaînées, les hoquètements des mourants, le bruit d'un qu'on jette à la mer... les abois d'une femme en gésine... des ricanements de fouet... des farfouillis de vermine parmi des lassitudes...

---

1. Aimé CÉSAIRE, *op. cit.*, pp. 38-39.